3月26日，北京市病虫测报工作部署暨技术培训会　　　　8月13日，草地贪夜蛾风险评估专家论证会

9月1日，北京市农业农村局主管副局长到昌平区首发基地调研草地贪夜蛾虫情

9月4日，北京市草地贪夜蛾现场观摩培训及防控工作部署会

建立京、津、冀、蒙、辽5省（区、市）联防联控机制，开展重大迁飞性害虫联合监测

4月10日，召开京津冀蒙辽重大迁飞性害虫联合监测工作协商会

4月10日，京津冀蒙辽重大迁飞性害虫联合监测工作协商会参观北京市昆虫雷达监测点

6月29日，京津冀三地植保部门开展重大迁飞性害虫联合普查

6月25日，大兴区草地贪夜蛾监测与防控工作会

7月17日，怀柔区农业农村局草地贪夜蛾监测与防控技术培训会

7月21日，平谷区草地贪夜蛾识别监测与防控技术培训会

6月26日，密云区草地贪夜蛾监测技术培训会

7月9日，海淀区草地贪夜蛾监测与防控技术培训会

7月4日，朝阳区草地贪夜蛾监测与防控技术培训会

9月24日，通州区草地贪夜蛾等重大迁飞性害虫
监测与防控技术培训会

8月28日，房山区草地贪夜蛾等重大迁飞性害虫
监测与防控技术培训会

7月8日，门头沟区草地贪夜蛾监测与防控技术培训会

6月4日，昌平区草地贪夜蛾监测与防控技术培训会

9月29日，河北省涿州市督导调研高空灯诱测情况

9月29日，河北省涿州市督导调研高空灯运行情况

9月29日，天津市武清区督导调研高空灯诱测情况

9月29日，天津市武清区督导调研性诱捕器诱测情况

9月20日，北京市延庆区督导调研太阳能杀虫灯安装情况

9月20日，北京市延庆区督导调研应急防控药剂储备情况

9月20日，北京市延庆区督导调研性诱捕器诱测情况

9月20日，北京市房山区督导调研性诱捕器诱测情况

谢爱婷　李恒羽　杨建国　主编

2019年北京市草地贪夜蛾监测防控工作汇编

中国农业科学技术出版社

图书在版编目（CIP）数据

2019年北京市草地贪夜蛾监测防控工作汇编/谢爱婷，李恒羽，杨建国主编. --北京：中国农业科学技术出版社，2022.1

ISBN 978-7-5116-5596-7

Ⅰ. ①2⋯　Ⅱ. ①谢⋯ ②李⋯ ③杨⋯　Ⅲ. ①草地—夜蛾科—病虫害防治—北京—2019　Ⅳ. ①S812.6 ②S449

中国版本图书馆CIP数据核字（2021）第 245873 号

责任编辑　陶　莲
责任校对　马广洋
责任印制　姜义伟　王思文

出 版 者　中国农业科学技术出版社
　　　　　　　北京市中关村南大街12号　　邮编：100081
电　　话　（010）82106625（编辑室）（010）82109702（发行部）
　　　　　　　（010）82109709（读者服务部）
传　　真　（010）82106625
网　　址　http：// www.castp.cn
经 销 者　各地新华书店
印 刷 者　北京建宏印刷有限公司
开　　本　210 mm×285 mm　1/16
印　　张　10.25
字　　数　274千字
版　　次　2022年1月第1版　　2022年1月第1次印刷
定　　价　100.00元

《2019年北京市草地贪夜蛾监测防控工作汇编》

编 委 会

主 编：谢爱婷　李恒羽　杨建国

副主编：穆常青　王帅宇　张 智　岳 瑾　师迎春

参 编：（按姓氏拼音排序）

陈立刚	董 杰	郭书臣	胡冬雪	胡学军	黄志坚
寇 爽	李婷婷	李云龙	梁铁双	刘术生	卢润刚
马爱华	牟金伟	王泽民	吴继宗	邢冬梅	许建平
杨得草	杨建强	杨武群	袁志强	张桂娟	张金良
张小利	张占龙	张志国	赵振霞	周相滢	周长青
祝玉梅					

前　言

　　草地贪夜蛾原产于美洲，又名秋黏虫，是联合国粮农组织全球预警的重大迁飞性农业害虫。2016年以来，先后入侵非洲、亚洲和大洋洲的许多国家。据联合国粮农组织发布的资料，草地贪夜蛾可取食多种作物，玉米型草地贪夜蛾最喜食玉米、小麦等，以为害玉米最为严重，据统计，在美国佛罗里达州，草地贪夜蛾为害可造成玉米减产20%。在一些经济条件落后的地区，比如中美洲的洪都拉斯，减产可达40%。在入侵非洲的12个玉米种植国家中，草地贪夜蛾为害可造成玉米年减产830万～2 060万吨，经济损失高达24.8亿～61.9亿美元。

　　2019年1月，草地贪夜蛾首次从云南侵入我国，对当地玉米造成严重为害。草地贪夜蛾侵入我国后，党中央、国务院高度重视，习近平总书记多次作出重要指示，李克强总理、胡春华副总理对打好草地贪夜蛾防控攻坚战、确保粮食生产安全提出了明确要求。农业农村部先后多次召开会议进行部署，组织动员各地农业农村部门进行草地贪夜蛾监测与防控工作。

　　北京市委、市政府也高度重视草地贪夜蛾监测防控工作，在北京市农业农村局的领导下，北京市植物保护站立即响应农业农村部积极开展草地贪夜蛾监测防控的号召，先后印发《北京市草地贪夜蛾监测防控方案》等文件，在北京市玉米生产区部署性诱、灯诱监测点，在北京市延庆区昆虫雷达监测点将草地贪夜蛾列为重点监测对象，组织市区召开现场培训、现场观摩20余次，共出动技术人员9 500余人次，开展田间普查38万亩次，力争做到早发现、早预警、早处置；在北京市及周边的河北省、天津市，建立了"三道防线"，即防控缓冲区、重点阻截区及核心防控区，建立京、津、冀、蒙、辽5省（区、市）联防联控工作机制，做到提早防、联合防、全域防、综合防、长期防。2019年8月29日，北京市昌平区马池口镇辛店村确认发现3头草地贪夜蛾成虫，是北京市首次发现草地贪夜蛾虫情，此后，其他区也陆续查见草地贪夜蛾成虫。截至2019年10月25日，北京市共有昌平区、延庆区、朝阳区、丰台区、海淀区、大兴区、通州区、密云区、平谷区、门头沟区10个区确认发现草地贪夜蛾成虫，累计诱蛾620头。

草地贪夜蛾监测防控工作开创了很多先例，针对一个物种开展如此高强度、大范围监测防控工作历史罕见。在工作实施的过程中，积累了很多有益的经验或做法，为此，北京市植物保护站整理了《2019年北京市草地贪夜蛾监测防控工作汇编》。本汇编分为3个部分，第一部为草地贪夜蛾发生概况及趋势分析，第二部分为草地贪夜蛾风险评估，第三部分为北京市草地贪夜蛾监测防控工作总结及成效，附录部分整理了农业农村部、北京市农业农村局及北京市植物保护站关于草地贪夜蛾监测防控工作部署的重要文件。全书26.7万字，大部分内容都是2019年北京市草地贪夜蛾监测防控工作的体现，汇编的出版将对今后北京市开展草地贪夜蛾监测防控工作具有较好的指导作用。值得一提的是，本汇编收录了农业农村部、全国农技推广服务中心、北京市农业农村局下发的一些重要文件、技术规范等，在此一并向有关单位表示感谢。鉴于编者水平有限，敬请读者批评指正。

编 者

2021年11月

目　录

第一部分

草地贪夜蛾发生概况及趋势分析

2019年全国草地贪夜蛾发生情况及 2020年发生趋势

一、2019年全国草地贪夜蛾发生情况

草地贪夜蛾起源于美洲热带及亚热带地区，由于具有较强的适生性、迁飞性、杂食性，目前已成为跨国界、跨洲际的重大农业害虫。

2019年1月草地贪夜蛾侵入我国云南省江城县，1—3月在云南多地蔓延为害，4月相继侵入广西、广东、贵州、湖南、海南，5月快速扩散至福建、湖北、浙江、四川、江西、重庆、河南、安徽、江苏、上海、陕西、西藏等地，6月在以上18个省市蔓延，7月继续扩展至山东、山西、甘肃、宁夏，8月在河北、北京、内蒙古见虫，9月天津也见虫。9月下旬以来，云南、安徽、江苏、河南、山东、四川6个省15个县麦田查见幼虫，查实面积9 120亩[①]。截至2019年12月底，草地贪夜蛾在我国26个省（自治区、直辖市）1 540个县（区、市）见虫，22个省份查见幼虫，查实发生面积1 672万亩，其中玉米发生面积占98%，甘蔗、高粱、生姜、小麦、大麦、青稞、谷子、水稻、薏苡、花生、莪术、香蕉、竹芋、马铃薯、油菜、辣椒、糜子、甘蓝、苏丹草等其他19种作物也发现被害，发生面积占1.9%。

二、2020年草地贪夜蛾发生趋势

2019年草地贪夜蛾侵入我国区域广，国内外越冬范围广，虫源基数大，玉米等作物种植布局和气候条件有利，预计2020年草地贪夜蛾重发态势明显，发生形势极为严峻。发生区域涉及西南、华南、江南、长江中下游、江淮、黄淮、华北、西北玉米种植区，有迁入东北春玉米主产区的可能，发生区域占玉米种植区面积的80%以上，见虫区域超过1亿亩；各地区均有集中为害的可能，南方省份发生代次多、为害重。

2020年草地贪夜蛾重发态势明显、形势严峻，主要表现在以下几个方面。

一是越冬量更大。2019年和2020年冬季气候预测，华南、西南、江南平均气温偏高1℃以上，导致草地贪夜蛾越冬区域明显北扩，江南南部、西南和华南地区都是越冬区域。印度、老挝、缅甸、越南、泰国等周边国家也普遍发生，尤其是东南亚国家是我国的虫源地。因此，除2019年的缅甸虫源迁入云南西线扩展外，越南虫源迁入广东、广西在东线扩展，侵入路径增多、范围扩大。

---

① 1亩≈667米²，全书同。

二是北迁时间更早。2019年1—3月只在云南省西南部9个市（州）31个县发生，4月初扩展至广西，4月下旬至广东、贵州、湖南、海南，5月扩散至江南、长江中下游、黄淮、西北18个省份。而2020年西南、华南省份成为冬季繁殖区，4月可直接向江南、长江中下游乃至以北地区提供虫源，冬季和早春侵入时间可提前至少2个月，黄淮、西北、华北等玉米主产区发生时间会提早1个月以上。

三是发生区域更广。2019年该虫第一次侵入我国，前期虫源量低，各地防控措施得力，有效延缓北迁时间，并控制该虫未抵达东北地区。2020年各地发生早、越冬虫源区域偏北、虫源基数增大，极易入侵东北玉米主产区。

四是为害程度更重。迁入时间提早，长江流域、黄淮海、西北等地将增加1～2个世代，种群数量加大势必加重为害程度。草地贪夜蛾迁入期提前，还将与黄淮海夏玉米苗期遭遇概率增大，苗期受害极易造成缺苗断垄。在玉米食源不足的情况下，冬春季会对西南、长江中下游和江淮麦区小麦生长造成较大威胁，局部造成集中为害。

信息来源：全国农业技术推广服务中心

2019 年北京市草地贪夜蛾发生概况

2019年8月29日，北京市昌平区马池口镇辛店村首次诱到草地贪夜蛾成虫3头，截至10月25日，北京市昌平区、延庆区、朝阳区、丰台区、海淀区、大兴区、通州区、密云区、平谷区和门头沟区共10个区确认发现草地贪夜蛾成虫，累计诱蛾620头（表1），田间未发现草地贪夜蛾卵、幼虫及为害症状。其中，昌平区累计诱蛾429头，占北京市总诱蛾量的69.2%，昌平区见虫早、诱蛾量大、持续时间长。综合分析北京市虫情呈现以下特点：一是草地贪夜蛾具有明显的趋嫩特性。昌平区虫量持续较高的3个监测点，玉米生育期比本区其他玉米田偏晚，同一监测点玉米生育期晚的田块虫量明显偏高，其他区发生也有类似现象；二是靠近水源潮湿的田块虫量明显偏高。昌平区虫量持续较高的3个监测点中，有两个监测点靠近水源（玉米田周边有机井），同一监测点靠近水源、灌溉条件好、玉米长势好的田块虫量明显偏高。

市区两级共投入监测技术人员9 502人次，开展田间普查38万余亩，田间未发现草地贪夜蛾卵、幼虫及为害症状。

表1 北京市草地贪夜蛾虫量汇总 （单位：头）

区域	首见蛾日期	8月虫量	9月虫量	10月虫量	各区虫量合计
昌平区	8月29日	7	352	70	429
延庆区	9月10日	0	7	0	7
朝阳区	9月16日	0	7	0	7
丰台区	9月17日	0	24	0	24
海淀区	9月18日	0	11	0	11
大兴区	9月19日	0	19	1	20
通州区	9月20日	0	59	4	63
密云区	9月24日	0	18	5	23
平谷区	9月28日	0	23	12	35
门头沟区	9月30日	0	1	0	1
北京市虫量合计		7	521	92	620

第二部分

草地贪夜蛾风险评估

一、生物学特性

草地贪夜蛾［*Spodoptera frugiperda*（Smith）］，也称秋黏虫，属于鳞翅目（Lepidoptera）夜蛾科（Noctuidae），原产于美洲热带和亚热带地区，广泛分布于美洲大陆，是当地重要的农业害虫。随着国际贸易活动的日趋频繁，草地贪夜蛾现已入侵到撒哈拉以南的44个非洲国家以及亚洲的印度、孟加拉国、斯里兰卡、缅甸等全球100多个国家。2019年1月，我国首次发现草地贪夜蛾入侵云南，之后快速向江南、江淮地区扩散蔓延。

草地贪夜蛾以为害玉米最为严重。据统计，在美国佛罗里达州，草地贪夜蛾为害可造成玉米减产20%。在一些经济条件落后的地区，其为害造成的玉米产量损失更为严重，比如在中美洲的洪都拉斯，其为害可造成玉米减产40%，在南美的阿根廷和巴西，其为害可分别造成72%和34%的产量损失。2017年9月，国际农业和生物科学中心报道，仅在已被入侵的非洲12个玉米种植国家中，草地贪夜蛾为害可造成玉米年减产830万～2 060万吨，经济损失高达24.8亿～61.9亿美元。

草地贪夜蛾分为玉米品系和水稻品系两种单倍型，前者主要取食为害玉米、棉花和高粱，后者主要取食为害水稻和各种牧草。这两种单倍型外部形态基本一致，但在性信息素成分、交配行为以及寄主植物范围等方面具有明显差异。

草地贪夜蛾完成1个世代要经历卵、幼虫、蛹和成虫4个虫态，其世代长短与所处的环境温度及寄主植物有关。草地贪夜蛾的适宜发育温度为11～30℃，在28℃条件下，30天左右即可完成一个世代，而在低温条件下，需要60～90天。由于没有滞育现象，在美国，草地贪夜蛾只能在气候温和的佛罗里达州和得克萨斯州才有越冬现象，而在气候、寄主条件适合的中、南美洲以及新入侵的非洲大部分地区，可周年繁殖。

草地贪夜蛾成虫可在几百米的高空中借助风力进行远距离定向迁飞，每晚可飞行100千米。成虫通常在产卵前可迁飞500千米，如果风向风速适宜，迁飞距离会更长，有报道称草地贪夜蛾成虫在30小时内可以从美国的密西西比州迁飞到加拿大南部，长达1 600千米。成虫具有趋光性，一般在夜间进行迁飞、交配和产卵。卵块通常产在叶片背面。成虫寿命可达2～3周，在这段时间内，雌成虫可以多次交配产卵，一生可产卵900～1 000粒。在适合温度下，卵在2～4天即可孵化成幼虫。幼虫有6个龄期，高龄幼虫具有自相残杀的习性。

二、传播方式

草地贪夜蛾成虫借助风力，可在几百米的高空中进行远距离定向迁飞，由于为第一次入侵我国，迁飞的路线和行进趋势有待进一步的研究。

三、寄主植物

草地贪夜蛾为多食性，可为害353种植物，嗜好禾本科，最易为害玉米、水稻、小麦、大麦、高粱、粟、甘蔗、黑麦草和苏丹草等；也为害十字花科、葫芦科、锦葵科、豆科、茄科、菊科等，也可取食棉花、花生、苜蓿、甜菜、洋葱、大豆、菜豆、马铃薯、甘薯、苜蓿、荞麦、燕麦、烟草、番茄、辣椒、洋葱等常见作物，以及菊花、康乃馨、天竺葵等多种观赏植物（属），甚至对苹果、橙子等造成为害。

四、北京市草地贪夜蛾历史发生情况

截至2019年7月中旬，北京市尚无草地贪夜蛾发生与为害。

五、北京市已经开展的监测防控情况

2019年6月3日，北京市农业农村局转发了《农业农村部关于加强草地贪夜蛾监测防控的紧急通知》，对草地贪夜蛾监测防控工作进行了部署；6月24日，北京市农业农村局转发了《农业农村部办公厅关于做好草地贪夜蛾应急防治用药有关工作的通知》，推荐了草地贪夜蛾应急防治用药名单。6月10日，北京市植物保护站印发了《北京市草地贪夜蛾监测与防控方案》，明确了草地贪夜蛾监测与防控的相关技术措施。目前，北京市正按照全国农业技术推广服务中心[①]印发的《草地贪夜蛾测报调查方法（试行）》进行调查监测。根据草地贪夜蛾迁入行进路线，北京市计划对草地贪夜蛾实行区域化防控，即设立防控缓冲区、重点阻截区和核心防范区，在上述区域内认真落实属地责任，坚持预防为主、综合防控的植保方针，树牢科学防控、主动防控、联防联控的防控思路，做好应急处置，实现层层阻截，做到早发现、早预警、早处置，坚决遏制草地贪夜蛾、草地螟和蝗虫等迁飞性害虫的暴发成灾态势，避免对农业生产和世园会等重大活动的举办造成不利影响。全市草地贪夜蛾监测工作坚持"四个结合一互补"，即空中监测与地面监测相结合、定点监测与普查相结合、灯诱和性诱相结合、京内与京外相结合，监测点与阻截带虫情信息互补，全面做好虫情监测。空中种群监测主要依赖昆虫雷达和高空测报灯，地面监测主要依赖性诱捕器。除做好定点监测以外，要加大普查力度，增加数据代表性。针对成虫趋光性不强的特点，要统筹考虑测报灯和性诱捕器的设置数量，协调综合发挥作用。由于迁飞性害虫的发生程度取决于迁入成虫的数量，本市草地贪夜蛾监测工作一定要与周边省份协调沟通，做到京内与京外相结合。针对未来可能出现的监测与防控压力，各区落实属地管理责任，植保部门发挥主力军作用，同时要引导发挥本区全科农技员、专业化防控组织和种植合作社等技术力量的辅助作用，补充完善监测预警体系，针对玉米等喜食作物田进行全面延伸监测，确保"区不漏乡、乡不漏村、村不漏田"。任何单位和个人一旦发现疑似草地贪夜蛾，应当及时向当地农业农村主管部门或所属植保植检机构报告。区植保部门接报后，要及时向市级植保部门报告并组织专家确认。

1. 成虫监测

成虫监测：在防控缓冲区、重点阻截区和核心防控区，综合应用昆虫雷达、高空测报灯和性诱捕器等监测手段，做到早发现、早预警。

防控缓冲区：沿七环在河北省固安县、河北省涿州市、天津市武清区和北京市延庆区等迁飞昆虫的重要通道处，南部通道沿河北省固安县、河北省涿州市、天津市武清区一线235千米，按每约10千米1盏

---

① 全国农业技术推广服务中心，简称全国农技中心，全书同。

高空测报灯和每千米设置1套性诱捕器的标准,共设置25盏高空测报灯和500套性诱捕器,形成1条高空测报灯监测阻截带与2条插缝互补式性诱监测带。在河北省怀来县和北京市平谷区、密云区、怀柔区等地(190千米),按每2千米1盏和每50亩设1盏杀虫灯的标准,共设置95盏高空测报灯和1 000盏太阳能杀虫灯,形成1条高空测报灯阻截监测带和1条杀虫灯带,在监测诱杀草地贪夜蛾的同时,兼治草地螟和蝗虫。防控缓冲区内开展逐日监测,记录数据和内容参见《草地贪夜蛾测报调查方法(试行)》或《北京市草地贪夜蛾监测与防控技术方案》等相关规定。

重点阻截区:在沿六环路的东线、南线和西线的顺义区、通州区、大兴区、房山区、昌平区、门头沟区等重点阻截区内设置500盏太阳能杀虫灯,建立第二道阻截杀虫带。同时在重点阻截区内,补充设立40盏虫情测报灯,虫情测报灯总数达110套。重点阻截区内按每50亩设置1套性诱捕器的标准,设立10 000套性诱捕器。重点阻截区内也需开展逐日监测,记录数据和内容同上。

核心防控区:在近郊及城区的草地、农田和果园等,按每50亩设置1套性诱捕器和高风险区域,设置2 500套性诱捕器和200盏太阳能杀虫灯,重点监测并诱杀已迁入的草地贪夜蛾、草地螟、蝗虫等成虫,记录数据和内容同上。

雷达监测:2016年,北京市引入双模式昆虫雷达对黏虫等迁飞性害虫的空中种群进行实时监测。2019年,北京延庆迁飞性害虫昆虫雷达监测点综合利用昆虫雷达、高空测报灯和高空诱捕器等对空中迁飞害虫种群进行逐日监测。通过监测可以快速获取迁飞性昆虫在空中的种群动态,迁移方向和迁移速度,并利用风场分析工具对降落地进行判断,进一步提高草地螟、草地贪夜蛾等迁飞性害虫的监测预警准确率。

2. 田间调查

田间普查对象主要有卵、幼虫和蛹,重点调查玉米、谷子、高粱等喜食作物田块,每3天一次。卵、幼虫和蛹的识别特征和调查方法参见《草地贪夜蛾测报调查方法(试行)》。

六、北京市防控能力与水平

2019年5月,北京市植物保护站紧急购置、发放草地贪夜蛾性诱捕器240套、性诱芯480个,在北京市设置灯诱监测点70个,性诱监测点60个,昆虫雷达监测点1个,利用自动虫情测报灯、高空测报灯、昆虫雷达、性诱捕器开展成虫系统监测;在玉米、高粱、谷子等作物田设置普查田块60个,定期开展卵、幼虫、蛹田间监测,未发现草地贪夜蛾为害。

2019年3月,北京市植物保护站邀请中国农业科学院植物保护研究所专家为北京市测报技术人员和基层测报员开展草地贪夜蛾识别诊断、监测与防控技术培训。5月,邀请中国科学院动物研究所专家为北京市检疫技术人员开展草地贪夜蛾识别诊断与为害特征培训。6月,在北京市农业农村局组织召开的北京市草地贪夜蛾防控工作视频会议上,邀请全国农技中心测报处专家通报了全国草地贪夜蛾发生动态,培训了监测预报技术。此外,6—7月,北京市植物保护站组织各区开展草地贪夜蛾监测防控技术培训,截至7月8日,北京市已有10个区开展了技术培训,共培训886人次,制作、印发草地贪夜蛾识别与防控彩页22 000份。

按照《农业农村部种植业管理司关于加强草地贪夜蛾发生防治信息报送的通知》要求,北京市农业农村局明确了两名信息员,每周通过全国农作物重大病虫害数字化监测预警系统——草地贪夜蛾发生防治信息调度平台填报信息，完成一周两报任务。另外，各区也建立了信息报告制度，指定专人负责数据上报工作。目前，北京市农业农村局已经启动草地贪夜蛾虫情日报制度和工作信息报送制度。

按照6月27日北京市草地贪夜蛾防控工作视频会议要求，13个区的农业农村局都向区政府汇报了本次会议精神，并将会议精神传达到了乡镇基层，就草地贪夜蛾监测与防控工作做了进一步部署。

七、可能性分析

据农业农村部种植业管理司信息，截至2019年7月11日，我国已有21个省（区、市）的1 177个县（市、区）发现为害，查实发生面积952万亩，累计防治面积1 193万亩。本周新增发生省份为山西省，新增发生县区55个，新增发生面积211万亩。草地贪夜蛾发生与为害仍以南方为主，其向北扩展速度持续减缓，防控后造成的为害损失不大。专家预计，近期黄淮海、西北地区草地贪夜蛾发生市县数量还会增加，但大部仍以零星或点片发生为主。随着雨季到来，新羽化的成虫会随偏南气流向北迁移，同时受地形和北部不利气流的影响，草地贪夜蛾被动降落在北京市的风险较高，8月在北京市发生的可能性非常大。经计算其可能性P值为0.74，其可能性级别为B级（很可能发生）（表1）。

表1　发生可能性计算结果

三级指标	隶属度	二级指标	概率值	一级指标	概率值	可能性	概率值
P111	0.5	P11	0.5	P1	0.707	P	0.74
P112	0.5	P12	0.707	P2	0.783		
P121	0.5	P13	1				
P122	1	P21	1				
P131	1	P22	0.75				
P132	1	P23	0.5				
P133	1	P24	1				
P211	1						
P212	1						
P221	0.75						
P222	0.75						
P231	0.5						
P232	0.5						
P233	0.5						
P241	1						
P242	1						

八、后果评价

2019年，北京市举办的重大活动非常多。草地贪夜蛾传入北京市后，一旦控制不力，可能会造成重大的社会影响。7月中下旬，草地贪夜蛾已经到达山东滕州、山西曲沃县、河南中牟等地。如果气象条件适宜，成虫虫源充足，2~3个晚上就可以到达北京市，防控形势非常严峻。目前研究表明，草地贪夜蛾可以对农作物的根、茎、叶、穗等多个部位造成为害，破坏性极强，为害程度明显重于我们常见的另外一种迁飞性害虫——黏虫。而且，草地贪夜蛾的幼虫昼伏夜出，特别是高龄幼虫钻在玉米秆中，隐蔽性极强，给监测防控带来了非常大的难度。同时由于该虫具有迁飞距离远、适应能力强、为害损失重等特点，预计在北京市发生为害后，对北京市及周边种植业会持续造成不利影响。经计算其后果S值为0.67，其后果等级为3（较大）（表2）。

表2 为害后果等级计算结果

二级指标	隶属度	一级指标	概率值	后果	综合结果
S11	1	S1	0.885	S	0.67
S12	0.75	S2	0.629		
S14	0.75	S3	0.75		
S21	0.5				
S22	1				
S33	0.75				

九、风险等级的确定

根据评估草地贪夜蛾的风险可能性等级和后果等级，按照风险矩阵序列排序，确定草地贪夜蛾的风险等级为高级（H）。

十、风险控制措施与建议

1. 主要防控技术措施

草地贪夜蛾是联合国粮农组织全球预警的重大迁飞性农业害虫，原来分布于美洲热带和亚热带地区。2019年，草地贪夜蛾首次入侵我国，其行进路线和在北方的发生为害规律并不十分清楚。虫情发生后，党中央国务院高度重视，提出了一套行之有效的防控原则，即"严密监测、全面扑杀、防治结合、分区施策"。参考国内外经验，北京市计划对草地贪夜蛾实行区域化防控，即设立防控缓冲区、重点阻截区和核心防范区，在上述区域内认真落实属地责任，坚持"预防为主、综合防控"的植保方针，树牢科学防控、主动防控、联防联控的防控思路，做好应急处置，实现层层阻截，做到早发现、早预警、早处置，坚决遏制草地贪夜蛾、草地螟和蝗虫等迁飞性害虫的暴发成灾态势，避免对农业生产和世园会等重大活动举办造成不利影响。

（1）区域划分。北京市沿七环设立防控缓冲区，沿六环设立重点阻截区，在六环以内设立核心防控区。在各个区域内，分区施策，采取加强监测预警以生物农药为主的防控策略。

（2）生态、农业控制。冬季深翻土壤，暴露幼虫，增加致死率，减少第二年的虫源。另外，一定要注意田园清洁。同时，还可以有针对性地开展间作，利用作物抗性进行防控。

（3）生物防控。采用生物农药和植物源农药进行防控，常用的生物农药有核多角体病毒制剂（SfMNPV）、Bt、金龟子绿僵菌（*Metarhizium anisopliae*）和白僵菌（*Beauveria bassiana*）；植物源农药包括印棟素、除虫菊酯等。

（4）药剂选择。可选乙基多杀菌素、阿维菌素、苦参碱、印棟素等生物药剂。

2. 关键工作措施

（1）加强监测预警。成虫诱集手段主要有黑光灯和性诱剂，但性诱剂的诱集效率远高于黑光灯。研究发现，黑光灯和性诱剂都不能准确反映田间密度，只能作为一种监测手段。因此除了加强成虫监测，还要认真开展田间调查。

（2）做好应急物资准备。草地贪夜蛾发生具有隐蔽性的特点，要提前做好应急防控的准备，提前储备农药和药械，一旦暴发危害，立即组织应急防控，确保损失降至最低。

3. 草地贪夜蛾治理建议

（1）分区施策，科学防控。北京市地处多种迁飞害虫的通道上，周边虫源地对本市草地贪夜蛾的发生与为害影响很大。建议对草地贪夜蛾防控实行区域化防控，即设立防控缓冲区、重点阻截区和核心防范区。在上述区域内认真落实属地责任，坚持预防为主、综合防控的植保方针，树牢科学防控、主动防控、联防联控的防控思路，做好应急处置，实现层层阻截，做到早发现、早预警、早处置，坚决遏制草地贪夜蛾、草地螟和蝗虫等迁飞性害虫的暴发成灾态势，避免对农业生产和世园会等重大活动举办造成不利影响。

（2）提高基层业务人员的专业知识。基层业务人员相关专业知识的欠缺，会直接影响虫情调查等监测工作的准确性，贻误最佳的防治时期等。各植保部门应做好常见病、虫、草、鼠害相关专业知识的普及工作，同时对重大、突发性害虫，也应及时开展技术培训。

（3）加强应急防控能力建设。如果草地贪夜蛾于8月迁入北京市，届时玉米植株高大，防控难度很大。同时由于该虫为害隐蔽，飞防效果不理想。针对这种局面，建议每区遴选1～2支专业防控队伍，北京市共组建20支，遴选队伍标准应达到"四有"，即有人员、有技术、有器械、有能力，并组织队伍开展培训、操练、器械维护。为了做好应急防控，北京市将组织开展1次应急处置演练，熟悉应急处置程序，提高突发重大植物病虫害应急事件的反应速度和协调处置水平，增强综合处置能力。同时根据农业农村部推荐，做好相关防控药剂的储备工作。

第三部分

北京市草地贪夜蛾监测防控
工作总结及成效

2019 年北京市草地贪夜蛾等
重大迁飞性害虫监测防控工作总结

草地贪夜蛾是联合国粮农组织全球预警的重大迁飞性农业害虫，2019年1月，草地贪夜蛾从东南亚首次迁飞入侵我国云南，快速向江南、江淮地区扩散蔓延，并进一步向北方地区扩散，对我国粮食及农业生产构成严重威胁。为全力做好北京市草地贪夜蛾、草地螟等重大迁飞性害虫防控工作，坚决遏制重大迁飞性害虫暴发成灾，按照农业农村部的工作部署和北京市农业主管领导的批示要求，北京市农业农村局组织北京市植物保护站起草印发了《北京市草地贪夜蛾、草地螟等重大迁飞性害虫防控工作方案》，市财政紧急追加了"北京市草地贪夜蛾、草地螟等重大迁飞性害虫应急防控项目"，北京市农业农村系统按照属地责任，认真落实方案内容，密切关注草地贪夜蛾等重大迁飞性害虫发展态势，加班加点，连续奋战，有效遏制了草地贪夜蛾的威胁，确保了北京市未大面积危害成灾，未对建国70周年大庆和世园会等重大活动举办造成不利影响。

一、草地贪夜蛾发生情况

（一）全国虫情

据农业农村部信息，2019年1月，草地贪夜蛾从东南亚首次迁飞入侵我国云南，快速向江南、江淮地区扩散蔓延，并进一步向北方地区扩散，截至2019年10月31日，已在我国26个省（区、市）的1 533个县（市、区）发生，查实发生面积1 565万亩，累计实施防治面积2 578万亩。

（二）北京市及周边省份虫情

山东省虫情：6月20日，山东省临沂市郯城县首次诱到成虫，7月16日，滕州市夏玉米田首次发现幼虫为害。截至9月24日，山东省48个县（市、区）查见发生，查实发生面积4 050.8亩，累计防治面积49 129.2亩。

河北省虫情：8月16日，首次在河北省邯郸市魏县发现幼虫，石家庄市栾城区发现成虫，截至10月20日，河北省48个县查见发生，累计诱蛾397头，发生面积3 693亩，累计防治面积33 863亩次。

天津市虫情：9月20日，天津市东丽区军粮城二村首次诱到草地贪夜蛾成虫1头，截至10月20日，天津市9个区确认发现草地贪夜蛾成虫，累计诱蛾127头。

北京市虫情及发生特点分析：8月29日，北京市昌平区马池口镇辛店村性诱监测点首次诱到草地贪夜蛾成虫3头，截至10月25日，北京市昌平区、延庆区、朝阳区、丰台区、海淀区、大兴区、通州区、密云区、平谷区和门头沟区共10个区确认发现草地贪夜蛾成虫，累计诱蛾620头（表1，图1）。田间未发现草地贪夜蛾卵、幼虫及为害症状。

北京市累计诱蛾620头，其中，昌平区累计诱蛾429头（表2，图2），占全市总诱蛾量的69.2%。昌平区见虫早、诱蛾量大、持续时间长。综合分析北京市虫情呈现以下特点：一是草地贪夜蛾具有明显的趋嫩特性。昌平区虫量持续较高的3个监测点，玉米生育期比昌平区其他玉米田偏晚，同一监测点玉米生育期晚的田块虫量明显偏高，其他区发生也有类似现象；二是靠近水源潮湿的田块虫量明显偏高。昌平区虫量持续较高的3个监测点中，有两个监测点靠近水源（玉米田周边有机井），同一监测点靠近水源、灌溉条件好、玉米长势好的田块虫量明显偏高。

表1　北京市草地贪夜蛾虫量统计　　　　　　　　　　　（单位：头）

| 时间 | 草地贪夜蛾成虫数量 | | | | | | | | | | 小计 |
	昌平区	延庆区	朝阳区	丰台区	海淀区	大兴区	通州区	密云区	平谷区	门头沟区	
8月29日	3	0	0	0	0	0	0	0	0	0	3
8月30日	4	0	0	0	0	0	0	0	0	0	4
9月1日	1	0	0	0	0	0	0	0	0	0	1
9月9日	1	0	0	0	0	0	0	0	0	0	1
9月10日	0	1	0	0	0	0	0	0	0	0	1
9月12日	2	2	0	0	0	0	0	0	0	0	4
9月16日	0	0	4	0	0	0	0	0	0	0	4
9月17日	9	0	1	5	0	0	0	0	0	0	15
9月18日	14	3	0	0	3	0	0	0	0	0	20
9月19日	13	0	0	0	5	9	0	0	0	0	27
9月20日	5	0	0	5	2	1	4	0	0	0	17
9月21日	15	1	0	4	0	0	10	0	0	0	30
9月22日	28	0	0	5	0	0	7	0	0	0	40
9月23日	46	0	1	2	1	0	2	0	0	0	52
9月24日	91	0	0	1	0	0	1	2	0	0	95
9月25日	34	0	0	1	0	5	29	8	0	0	77
9月26日	47	0	0	0	0	0	4	7	0	0	58
9月27日	18	0	0	1	0	0	0	0	0	0	19
9月28日	12	0	0	0	0	0	2	0	17	0	31

（续表）

时间	草地贪夜蛾成虫数量										小计
	昌平区	延庆区	朝阳区	丰台区	海淀区	大兴区	通州区	密云区	平谷区	门头沟区	
9月29日	6	0	1	0	0	4	0	0	4	0	15
9月30日	10	0	0	0	0	0	0	1	2	1	14
10月1日	11	0	0	0	0	0	0	0	3	0	14
10月2日	15	0	0	0	0	0	0	0	7	0	22
10月3日	8	0	0	0	0	0	0	0	0	0	8
10月4日	10	0	0	0	0	1	2	0	0	0	13
10月5日	0	0	0	0	0	0	0	2	2	0	4
10月6日	3	0	0	0	0	0	0	0	0	0	3
10月7日	0	0	0	0	0	0	0	0	0	0	0
10月8日	6	0	0	0	0	0	0	0	0	0	6
10月9日	5	0	0	0	0	0	0	0	0	0	5
10月10日	1	0	0	0	0	0	2	2	0	0	5
10月11日	7	0	0	0	0	0	0	0	0	0	7
10月12日	1	0	0	0	0	0	0	1	0	0	2
10月13日	1	0	0	0	0	0	0	0	0	0	1
10月14日	0	0	0	0	0	0	0	0	0	0	0
10月15日	1	0	0	0	0	0	0	0	0	0	1
10月16日	0	0	0	0	0	0	0	0	0	0	0
10月17日	1	0	0	0	0	0	0	0	0	0	1
10月18日	0	0	0	0	0	0	0	0	0	0	0
10月19日	0	0	0	0	0	0	0	0	0	0	0
10月20日	0	0	0	0	0	0	0	0	0	0	0
10月21日	0	0	0	0	0	0	0	0	0	0	0
10月22日	0	0	0	0	0	0	0	0	0	0	0
10月23日	0	0	0	0	0	0	0	0	0	0	0
10月24日	0	0	0	0	0	0	0	0	0	0	0
10月25日	0	0	0	0	0	0	0	0	0	0	0
累计	429	7	7	24	11	20	63	23	35	1	620

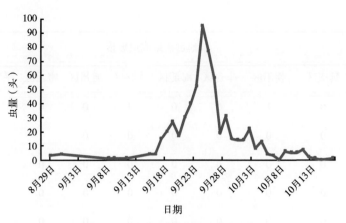

图1　北京市草地贪夜蛾成虫发生动态

表2　昌平区草地贪夜蛾虫量统计　　　　　　　　　　　　　　　　　（单位：头）

序号	监测点位置	8月诱虫量	9月诱虫量	10月诱虫量	虫量小计
1	昌平区马池口镇辛店村种子管理站基地	3	115	12	130
2	昌平区马池口镇丈头村区种子管理站基地	0	4	6	10
3	昌平区南邵镇纪窑村	4	74	6	84
4	昌平区南邵镇姜屯村	0	158	46	204
5	昌平区百善镇牛房圈村	0	1		1
	合计虫量	7	352	70	429

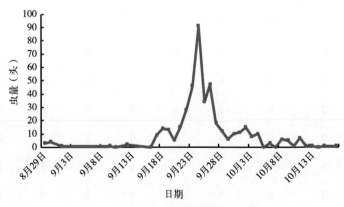

图2　昌平区草地贪夜蛾成虫发生动态

二、草地贪夜蛾监测防控工作开展情况

北京市各级农业农村部门通过成立专门组织，制定监测防控方案、多方筹措资金，加大监测力度，做好技术培训与宣传等工作，为草地贪夜蛾监测和防控工作打下了坚实基础。

（一）高度重视，迅速部署

迅速组织开展虫情监测和防控。2019年7月，草地贪夜蛾北扩到达山东、河南、山西省境内以后，对京津冀地区形成半包围。针对全国草地贪夜蛾发展态势，北京市农业主管领导先后6次做出批示，9月6日主持召开北京市防控工作部署会，要求做好防范应对，开展风险评估，研提北京市措施；各级压实防控责任、抓紧落实三道防线、加强虫情监测和调度、开展区域联防联控、强化舆情引导。北京市农业农村局6月下旬、8月下旬两次召开全市工作部署会，通报最新虫情发展态势，部署落实各项防控措施，并向各区农业农村局印发《农业农村部关于加强草地贪夜蛾监测防控的紧急通知》、转发《农业农村部办公厅关于做好草地贪夜蛾应急防治用药有关工作的通知》等文件，指导做好防控工作。

（二）建立科学防控机制，制定防控方案

为贯彻落实农业农村部的工作部署，全力抓好北京市草地贪夜蛾、草地螟等重大迁飞性害虫防控工作，北京市农业农村局成立了北京市草地贪夜蛾、草地螟等重大迁飞性害虫防控工作领导小组，下设领导小组办公室、应急处置小组、区域联防联控协调小组、专家指导小组等。负责统一指挥调度北京市草地贪夜蛾、草地螟等重大迁飞性害虫防控工作，组织研究提出防控措施，督导各区落实防控任务和要求，市级防控工作领导小组坚持每周进行1次形势分析，研判发展态势，提出相关防控措施。7—8月，先后召开3次专家论证会，分析研判北京市草地贪夜蛾发生趋势，对草地贪夜蛾发生态势进行风险评估。各区植保部门认真落实属地管理责任，建立区、乡镇、村三级防控指挥调度机制，加强监测督导与信息沟通，确保了虫情信息、任务信息、防控信息的畅通传递，对后续工作提供了有力的保障。

防控工作领导小组制定印发《北京市草地贪夜蛾、草地螟等重大迁飞性害虫防控工作方案》，提出统筹考虑南北迁飞性害虫发生情况，在防控草地贪夜蛾的基础上，对其他几种重大迁飞性害虫一并开展防控。在防控目标上，既突出经济影响，也高度重视社会影响。在防控思路上，提出了"提早防、联合防、全域防、综合防、长期防"的策略。防控工作方案在全面分析北京市农作物种植及周边地形地貌的基础上，结合4种迁飞性害虫的迁飞路径和生物学习性，提出了"三力争"（力争阻截于市域外、力争农业生产不成灾、力争严防进入城中区）的防控目标，并建立了"三道防线"。第一道防线为防控缓冲区，位于北京市周边沿七环内外区域，在南部沿河北省固安县、河北省涿州市、天津市武清区一线，重点防范草地贪夜蛾；在北部沿河北省怀来县和北京市延庆区、平谷区、密云区、怀柔区等地的北部区域，重点防范草地螟。第二道防线为重点阻截区，位于北京市六环路区域，是迁飞性害虫喜食的玉米主产区，具体是在东线、南线和西线的顺义区、通州区、大兴区、房山区、昌平区、门头沟区等区域内开展阻截，防止迁飞性害虫进入北京市后进一步向中心城区扩散蔓延。第三道防线为核心防控区，位于近郊及城区，具体是在草地、农田和果园等区域，对已迁入的害虫开展监测和应急防治。

（三）加强虫情监测和信息报送制度

5月，为加大草地贪夜蛾防控力度，紧急下发性诱捕器240套、性诱芯480个，在北京市设置灯诱监测点70个、性诱监测点60个、昆虫雷达监测点1个，加强对迁飞性害虫的监测预警。北京市植物保护站印发《关于紧急开展全市草地贪夜蛾普查的通知》《北京市植物保护站关于进一步做好草地贪夜蛾虫情监测及防控的通知》《关于抓紧落实草地贪夜蛾、草地螟等重大迁飞性害虫防控措施的通知》等通知，要求各区按照市、局领导批示和要求，做好草地贪夜蛾监测与防控工作，加强虫情监测和田间

普查力度，发现虫情立即上报。坚持"四结合一互补"的防控策略，即空中监测与地面监测相结合，定点监测与普查相结合，灯诱与性诱相结合，京内与京外相结合，监测点与阻截带虫情信息互补，按照"区不漏乡、乡不漏村、村不漏田"要求，加密监测，及时预警，做好北京市草地贪夜蛾监测工作。截至10月25日，市区两级共投入技术人员9 502人次，开展田间普查38万亩次，田间未发现草地贪夜蛾卵、幼虫及为害症状，做到了早发现、早防治，确保草地贪夜蛾未对北京市玉米生产及重大活动造成不良影响。

强化虫情调度和信息报告制度，根据全国和周边省份虫情发展态势，6月中旬起向全国农技中心报送一周两报虫情信息。北京市启动和落实虫情防控信息日报告制度，各区指定专人每日报送防控工作信息，草地贪夜蛾虫情实行零报告制度。同时，建立上下双向虫情通报机制，区植保机构每天上报草地贪夜蛾监测防控情况，北京市植物保护站每天通报周边省份最新虫情，并做好草地螟、蝗虫、黏虫等迁飞性害虫监测防范工作。截至10月25日，编写北京市草地贪夜蛾防控工作日报18期，防控工作专报5期，向农业农村部上报一周两报31期。

（四）落实防控措施，迅速完成"三道防线"布控

按照北京市农业主管领导8月30日在北京市农业农村局呈报的《关于本市草地贪夜蛾发生情况的报告》上"请按预案、三道防线采取措施，打早、打小、打了！"的批示要求，北京市农业农村局协调市财政局，申请草地贪夜蛾、草地螟等重大迁飞性害虫应急防控专项经费，用于"三道防线"布设及防控药剂储备。截至9月20日，北京市植物保护站完成了"三道防线"的布控任务，在第一道防线河北省怀来县、固安县、涿州市，天津市武清区及北京市北部地区安装高空测报灯120台和500套性诱捕器；在第二、第三道防线，北京市13个区安装自动虫情测报灯40台、太阳能杀虫灯1 700台、性诱捕器12 500套，配送应急防控药剂5 000千克；按照"四结合一互补"原则，全面开展区域性重大迁飞性害虫联合监测及联防联控工作（表3）。

表3　草地贪夜蛾、草地螟等重大迁飞性害虫防控物资分配

三道防线	市区县	高空测报灯（台）	太阳能杀虫灯（台）	虫情测报灯（台）	性诱捕器（套）	药剂储备种类及数量			
						苏云金杆菌（千克）	氯虫苯甲酰胺（千克）	甲维·虱螨脲（千克）	高效氯氟氰菊酯（千克）
防控缓冲区	北京市怀柔区	10	105		50	140	70	70	70
	北京市平谷区	10	275		300	160	80	80	80
	北京市延庆区	40	410		40	480	240	240	240
	北京市密云区	15	210	2	1 400	360	180	180	180
	河北省固安县	9			180	0			
	河北省涿州市	3			70	0			
	天津市武清区	13			250	0			
	河北省怀来县	20				0			

（续表）

三道防线	市区县	高空测报灯（台）	太阳能杀虫灯（台）	虫情测报灯（台）	性诱捕器（套）	药剂储备种类及数量			
						苏云金杆菌（千克）	氯虫苯甲酰胺（千克）	甲维·虱螨脲（千克）	高效氯氟氰菊酯（千克）
重点阻截区	北京市顺义区		100	7	3 000	280	140	140	140
	北京市通州区		100	7	1 461	120	60	60	60
	北京市昌平区		100	7	683	30	15	15	15
	北京市门头沟区		100	5	222	22	11	11	11
	北京市大兴区		50	6	1 430	170	85	85	85
	北京市房山区		50	6	2 630	220	110	110	110
核心防控区	北京市朝阳区		80		238	2	1	1	1
	北京市海淀区		80		570	12	6	6	6
	北京市丰台区		40		476	4	2	2	2
合计		120	1 700	40	13 000	2 000	1 000	1 000	1 000

（五）及时组织北京市开展应急防控演练

8月29日，北京市发生草地贪夜蛾虫情后，北京市农业农村局于8月30日迅速组织了以草地贪夜蛾防控为背景的北京市突发重大植物疫情应急演练，全力做好应急防控准备。农业农村部种植业管理司副司长与会指导，北京市农业农村局相关处室和直属单位、各区农业农村局及区植保部门负责同志近70人参加演练。

（六）加强部署，建立5省（区、市）联防联控机制

北京市与河北、天津、内蒙古、辽宁等周边省（区、市）组建迁飞性害虫联合监测工作组，新增8个京外联合监测点，共安排部署4个高空测报灯监测点和5个自动虫情测报灯监测点，从4月中旬开始，对重大迁飞性害虫开展逐日监测，建立迁飞性害虫联合监测微信群，及时通报各地虫情，发布迁飞性害虫联合监测虫情简报4期。2019年4月、9月各召开一次5省（区、市）迁飞性害虫联合监测预警协同工作会，协调部署草地贪夜蛾等重大迁飞性害虫监测防控工作。

（七）加强技术培训与宣传

为确保监测防控取得实效，各级农业农村部门加大宣传培训力度，普及草地贪夜蛾识别诊断与防控技术，通过现场授课、网络、电视等方式广泛开展宣传培训，确保基层技术人员和广大农户准确掌握草地贪夜蛾的形态特征、为害习性等。截至12月中旬，市级开展技术培训4期，区级开展技术培训19期，累计培训2 311人次，印发草地贪夜蛾识别与防控彩页、挂图2万余份，制作播出专题电视预报1期。

三、草地贪夜蛾防控工作成效

（一）建立5省（区、市）联防联控工作机制

为做好草地贪夜蛾等重大迁飞性害虫的监测防控工作，在京津冀地区构建了"三道防线"，极大提升了京津冀等地对迁飞性害虫的阻截防控能力，确保"联合防、长期防"策略落实到位，也为落实"科学防控、主动防控、联防联控"的迁飞性害虫防控思路奠定了重要基础。初步建立了京、津、冀、蒙、辽5省（区、市）迁飞性害虫联防联控工作机制，搭建了5省（区、市）病虫测报信息沟通平台，提升了区域化联防联控水平。

（二）实现早发现、早预警、早处置的目标

按照《北京市草地贪夜蛾、草地螟等重大迁飞性害虫防控工作方案》要求，加强市区联动机制，市区两级统筹协调，形成工作合力，在第一时间发现迁入北京市的草地贪夜蛾虫情，实现了早发现、早预警、早处置的目标，确保了北京市未大面积发生危害成灾、未对建国70周年大庆及世园会等重大活动举办造成不利影响。相关虫情信息还有利于全国草地贪夜蛾迁飞规律的研究。

（三）监测防控经验利于今后联防联控工作的开展

北京市草地贪夜蛾监测防控工作坚持"四结合一互补"的防控策略，开展了大量的技术培训与宣传，建立了一套虫情信息上报与调度制度，这些成功经验有利于今后重大迁飞性害虫联防联控工作的开展。

四、下一步工作计划

草地贪夜蛾是我国新发害虫，其生物学特性、迁飞规律、监测手段和防控措施等尚需进一步研究，为进一步提高应对能力和监测防控水平，北京市将重点做好以下工作。

（一）做好工作总结和经验交流

认真梳理草地贪夜蛾监测防控经验和工作总结，为进一步开展北京市监测防控工作提供技术支撑。

（二）开展草地贪夜蛾发生规律和防控技术研究

与科研院所、高校合作，研究草地贪夜蛾发生为害规律、监测和防控技术，为做好北京市草地贪夜蛾监测防控工作打下坚实基础。

（三）发挥"三道防线"监测阻截作用

继续开展重大迁飞性害虫联合监测及联防联控工作。利用"三道防线"安装的监测防控设备及京外联合监测点，开展草地贪夜蛾、草地螟等重大迁飞性害虫联合监测，在害虫发生关键时期开灯阻截防控迁飞性害虫，保障各种重大活动顺利举行及北京市农业生产安全。

北京市植物保护站

2019年11月18日

2019年昌平区草地贪夜蛾监测防控工作总结

草地贪夜蛾是联合国粮农组织全球预警的重大迁飞性农业害虫。2019年1月以来，草地贪夜蛾相继从境外迁入我国西南华南等地区，并快速向北迁飞扩散，8月29日，昌平区首次监测到草地贪夜蛾成虫，截至10月25日，昌平区累计诱捕到草地贪夜蛾成虫429头，未发现幼虫和为害症状。具体工作总结如下。

一、草地贪夜蛾监测与防控工作准备情况

6月3日，北京市农业农村局下发了《北京市农业农村局关于加强草地贪夜蛾监测防控的紧急通知》。6月10日，北京市植物保护站下发了《北京市植物保护站关于印发〈北京市草地贪夜蛾监测与防控方案〉的通知》。我站接到通知后立即按照通知要求制定了《昌平区草地贪夜蛾监测与防控方案》。依据"6月27日全市草地贪夜蛾工作部署视频会"和昌平区农业农村局的统一安排，部署昌平区草地贪夜蛾监测防控工作。

（一）及时布控草地贪夜蛾监测防控任务

7月1日，以昌平区重大动植物疫病应急指挥部办公室名义向各镇（街道办事处）及各相关单位下发了《北京市农业农村局关于加强草地贪夜蛾监测防控的紧急通知》。7月3日举办了"昌平区草地贪夜蛾监测防控工作部署暨技术培训会"。会议同时下发了《昌平区草地贪夜蛾监测与防控方案》，并为参会单位发放草地贪夜蛾防控技术挂图2 000余份，草地贪夜蛾性诱捕器100余套。培训会后昌平区35个监测点迅速落实监测任务，定人、定点、定时进行监测，按时上报监测数据。

（二）开展应急防控演练做好防控准备

7月17日，组织辖区内2支植保防治组织和1家农机合作社开展了2019年昌平区植物病虫害应急防控演练。8月中旬，财政拨付草地贪夜蛾专项资金23.72万元，用于监测与前期防控筹备，主要包括购置性诱捕器、制作宣传挂图、开展培训、应急防控演练及防控药剂储备等。8月下旬，储备草地贪夜蛾等应急防控药剂1 100千克。8月27日，按照"8.23北京市草地贪夜蛾、草地螟等重大迁飞性害虫监测防控工作部署视频会议"精神，以昌平区农业农村局名义向各镇（街道办事处）及各相关单位下发了《关于加强草地贪夜蛾、草地螟等重大迁飞性害虫监测防控的紧急通知》及《昌平区草地贪夜蛾监测与防控方案》。

二、加强草地贪夜蛾虫情监测与防控

（一）建立区级和村级两套监测网络

区级监测点由区植保站选取并指定专人监测调查，昌平区共计15个，其中：5个为测报灯监测点、10个为性诱监测点。

村级监测点由兴寿、崔村、百善、小汤山、马池口、流村、阳坊、南口、十三陵、南邵等10个主要涉农镇农业主管部门依据本地区种植情况各选取2个村，指定专人负责性诱成虫监测，昌平区共计20个。

（二）加强虫情监测与信息报送

昌平区共设性诱监测点35个，每个监测点每月配发5套诱捕器，共计175个诱捕器监测草地贪夜蛾发生情况。昌平区累计发放草地贪夜蛾性诱捕器1 108套，发放草地贪夜蛾宣传挂图4 000余张，发放草地贪夜蛾防控储备药剂80余千克。昌平区累计投入普查人员3 395人次，调查面积16 975亩。昌平区新安装太阳能杀虫灯100台，虫情测报灯7台。截至10月25日，昌平区共计诱捕到草地贪夜蛾成虫429头，田间未查到草地贪夜蛾幼虫和为害症状。

7月初开展草地贪夜蛾监测以来，要求监测人员每天下地调查，实行每日虫情零报告制。自8月29日发现虫情后，通过微信群和电话等形式每日提醒监测人员，提高监测频率，发现疑似虫情立即上报。截至10月25日，共收到各监测点报送草地贪夜蛾虫情报告200余次，昌平区植保植检站技术人员对上报疑似情况进行现场调查核实，确认不是贪夜蛾的进行排除，确认疑似的请北京市植物保护站专家进行鉴定。

三、经验小结

（一）各级领导重视，各部门通力配合，是做好草地贪夜蛾监测和防控工作的坚实基础

昌平区在北京市农业农村局和北京市植物保护站各级领导的关怀下，自区委区政府、区农业农村局、区财政局、区农业服务中心、各镇街道、区农业技术推广站、区土肥站、区环境监测站等各级领导均对草地贪夜蛾监测防控工作给予重点关注，并提供了诸多帮助。区草地贪夜蛾监测与防控工作小组迅速成立，有序开展前期培训、布设监测点等基础性工作，为昌平区草地贪夜蛾监测和防控工作奠定了坚实的基础。

（二）草地贪夜蛾虫情信息上报渠道顺畅，市区两级沟通及时，甄别鉴定迅速，为科学防控提供重要依据

自首次监测到草地贪夜蛾成虫以来，昌平区严格按照上报程序每日逐级上报虫情，多次邀请市级专家共同对草地贪夜蛾诱虫规律进行研讨，对疑似成虫邀请相关专家进行甄别鉴定，冷冻草地贪夜蛾成虫送往中国农业科学院植物保护研究所进行分子研究，诱捕草地贪夜蛾成虫活体进行迁飞规律研

究。通过市区两级部门的不断沟通交流，对草地贪夜蛾成虫实现了快速鉴定，准确上报，为昌平区及时组织开展草地贪夜蛾监测防控提供了重要依据。

（三）各个监测点监测人员秉持高度责任心，每天准时上报虫情，为昌平区研判草地贪夜蛾虫情发展提供数据参考

昌平区共建了35个草地贪夜蛾虫情监测点，遍布10个主要涉农乡镇和15个重要园区及基地。所有监测人员本着高度负责，不辞劳苦的精神每日对虫情进行调查，有的监测点每日早晚各调查一次，准时将当日虫情上报到昌平区植保植检站，为昌平区研判草地贪夜蛾虫情发展趋势提供了数据参考。

（四）性诱监测设备布控有效，灯诱监测设备及时安装到位，共同确保监测防控效果

针对辖区实际，昌平区提前购置了400多套性诱捕器，对重点地区进行早期布控。通过每日虫情监测，对虫量大的重点区域进行单独性诱防控，取得了很好的防控效果。虫情测报灯和太阳能杀虫灯及时安装到位，共同确保监测防控效果。

昌平区植保植检站

2019年11月25日

2019年通州区草地贪夜蛾监测防控工作总结

根据《北京市农业农村局关于加强草地贪夜蛾监测防控的紧急通知》等相关文件精神，通州区植物保护站分别制定了《通州区草地贪夜蛾防控预案》《通州区植物保护站关于草地贪夜蛾、草地螟等重大迁飞性害虫防控技术措施》，进一步落实草地贪夜蛾防控工作。2019年顺利完成草地贪夜蛾监测防控工作，并取得理想成效，现将工作总结如下。

一、草地贪夜蛾发生情况

2019年，通州区在3个乡镇6个性诱监测点共发现草地贪夜蛾成虫63头，其中：宋庄镇北寺村监测点1头；张家湾镇样田监测点5头；漷县镇5个监测点共诱集57头（觅子店38头、大香仪1头、觅子店中学1头、开发区1头、西定安16头）。通州区首次发现成虫是在9月20日，其中觅子店性诱监测点3头、大香仪性诱监测点1头。9月25日单日诱蛾数量最高，为29头。通州区未发现草地贪夜蛾幼虫及为害症状。

二、主要措施与做法

（一）加强组织领导，提高政治站位，部署各项防控工作

针对全球预警的重大农业害虫草地贪夜蛾，通州区植物保护站根据北京市草地贪夜蛾防控会议精神，结合通州区生产实际，及时制定《通州区草地贪夜蛾监测与防控应急预案》上报通州区农业农村局、通州区种植业服务中心，汇报草地贪夜蛾的发生与为害、监测与防控、宣传与培训开展情况，为通州区草地贪夜蛾监测与防控应急物资储备提出技术性指导意见；及时召开草地贪夜蛾监测与防控工作部署会，各乡镇农业主管部门参会，推进落实草地贪夜蛾监测防控措施，要求每个涉农乡镇指定1名技术人员，负责本辖区内草地贪夜蛾的监测与防控部署，以及每日监测数据上报；遴选2支专业化统防统治组织，为草地贪夜蛾的防控做好准备工作。

为确保各项措施取得实效，通州区植物保护站成立以党支部书记为组长的督导小组，深入防控一线，对9个涉农乡镇草地贪夜蛾重点阻截区防线布控情况进行督查和现场指导，确保布控及时，充分发挥监测防控设备防控效果。

（二）加强宣传培训，动员各方力量参与防控工作

为实现对草地贪夜蛾的有效监测与防控，从2019年5月开始，充分利用各种技术服务平台进行宣

传培训。针对乡镇农业主管部门技术人员、兼职检疫员、植物诊所与植物医生、全科农技员等共开展培训6次，培训387人次，培训内容主要有：草地贪夜蛾的识别诊断、为害特点、监测与防控技术。通过培训发动各方参与监测与防控工作，及时了解和掌握草地贪夜蛾的发生动态。

为切实推进草地贪夜蛾防控工作，特别邀请北京市植物保护站测报科谢爱婷科长针对通州区全科农技员开展草地贪夜蛾等重大迁飞性害虫识别与监测防控技术培训，有效促进了监测防控工作的开展。

通州区植物保护站发布草地贪夜蛾识别与防控病虫情报1期，印发草地贪夜蛾识别与防控宣传彩页、防控明白纸等宣传材料4 000余份。

为更加精准的指导草地贪夜蛾防控工作，8月，通州区植物保护站派出2名技术人员随北京市植物保护站测报科赴河北省邯郸市永年区进行草地贪夜蛾识别与防控交流。2名技术人员及时将所学到的知识与通州区植物保护站技术人员、监测点工作人员进行分享，确保监测更有针对性。

（三）加强监测预警，全方位掌握虫情发生动态

随着草地贪夜蛾的不断北扩，通州区根据北京市植物保护站的要求，结合通州区生产实际，不断加密布控监测点，密切监测虫情动态。工作初期针对成虫，在通州区小麦和玉米田块设立成虫性诱监测点7个、灯诱监测点6个，每天调查诱集情况；针对幼虫，将其列入玉米病虫害常规普查监测任务，设立春、夏玉米监测点6个，每5天调查一次。9月，性诱监测点增加至184个，灯诱监测点增加至13个，涉及作物除玉米外，还有西兰花、甘蓝、大白菜、生菜等作物，基本覆盖通州区秋季生产的农作物种类。5—10月，通州区投入专业技术人员和群众监测人员2 500余人次全力开展草地贪夜蛾成虫监测，于9月20日，首次发现迁入通州区的成虫。发现成虫后，开展大范围幼虫普查。各乡镇投入全科农技员和群众普查人员2 200余人次，普查面积近6万亩次，普查作物涉及玉米、小麦、生菜、西兰花、大白菜等秋季主要农作物，未发现幼虫及为害症状。

为确保北京市城市副中心生产安全，通州区植物保护站分别在6—7月、9—10月，对城市副中心周边潞城镇、宋庄镇、张家湾镇，以及粮食种植面积较大的漷县镇、西集镇进行了草地贪夜蛾幼虫发生及为害普查，共计开展普查20余次，出动技术人员60余人次，普查面积约3 000亩次，未发现幼虫及为害症状。

（四）加强布控阻截，有效防控草地贪夜蛾迁入

根据北京市植物保护站"三道防线"重点阻截区的防控部署，为确保重大活动顺利开展，以及重点阻截区防线有效落实，9月，通州区植物保护站再次组织召开乡镇农业主管部门部署培训会1次，要求严格按照技术标准迅速协调布控，1周之内各项防控措施均部署到位。本着与6个农业植物疫情监测点交叉布局的原则，安装7盏自动虫情测报灯，实现通州区9个涉农乡镇自动虫情测报灯全覆盖，灯诱监测无死角；根据各乡镇农作物种植情况，安装太阳能杀虫灯100盏，覆盖粮食、蔬菜面积约5 000亩；布控1 461个草地贪夜蛾性诱捕器，实现对通州区秋季主要生产作物田的全面监测；发放苏云金杆菌、氯虫苯甲酰胺、甲维·虱螨脲、高效氯氰菊酯等应急防控药剂300千克，随时做好药剂防控与扑杀准备。

（五）加强信息报送制度，确保及时掌握并科学处置虫情

7月11日起，严格执行虫情日报制度。为提高监测预警的时效性和准确性，通州区充分利用市—

区—乡（镇）—村四级监测预警体系开展工作，监测人员每天查看监测点诱集草地贪夜蛾情况，并及时上报乡镇农业主管部门；乡镇农业主管部门指定专人，及时汇总上报监测数据；通州区植物保护站设专人进行监测数据的收集整理，并上报北京市植物保护站相关负责人。同时积极利用微信群等新媒体平台开展数据报送与信息沟通，提高工作效率。

为确保科学有效处置虫情，通州区进一步明确了虫情的上报途径。任何单位或个人一旦发现疑似虫情，及时向本乡镇农业行政主管部门报告，乡镇农业行政主管部门及时向通州区农业农村主管部门或所属植保植检机构报告。通州区植物保护站接报后，及时向北京市植物保护站报告并组织专家确认。

三、2020 年草地贪夜蛾防控计划

（一）强化监测预警

充分利用四级监测预警体系以及布控的监测防控设备，积极开展草地贪夜蛾监测预警，计划从4月开启灯诱和性诱设备，密切监测草地贪夜蛾在通州区的发生情况。

（二）强化宣传培训

虽然草地贪夜蛾今年已迁入通州区，但是仅在少数几个监测点发现成虫，未发现幼虫为害症状，2020年，需继续加强其识别与防控技术的培训，必要时进行现场观摩与指导，从而能够更准确地掌握草地贪夜蛾在通州区的发生情况。

（三）做好应急防控准备

一方面做好物资储备，充分利用区级财政预算，储备部分防控药剂，做好防控准备；另一方面加强与植保专业化防控组织的沟通，根据其防控积极参与通州区应急防控。

北京市通州区植物保护站

2019年11月19日

2019年顺义区草地贪夜蛾监测防控工作总结

草地贪夜蛾是联合国粮农组织全球预警的重大害虫，2019年1月侵入云南并迅速在全国蔓延。顺义区高度重视草地贪夜蛾监测防控工作，在各级主管部门的领导下，做到早部署、早培训、宣传到位、防控措施到位，未发现其危害。

一、领导重视

根据农业农村部、北京市草地贪夜蛾虫情通报，顺义区农业农村局多次召开相关部门参加的虫情研讨会，制定《顺义区草地贪夜蛾监测与防控方案》《顺义区草地贪夜蛾等重大迁飞性害虫防控措施》等文件，印发到各镇部署监测任务、落实防控措施。

7月2日，召开顺义区农业农村局领导及各镇农业科长参加的"草地贪夜蛾防控工作部署会"，印发《顺义区草地贪夜蛾监测与防控方案》，强调各镇要高度重视、提高站位、加强监测、宣传到位，严防草地贪夜蛾给农业生产及社会活动造成影响。

9月16日，顺义区农业农村局印发《关于落实草地贪夜蛾防控措施的通知》，通报京津冀草地贪夜蛾虫情，要求各镇按照属地管理，做好《草地贪夜蛾等重大迁飞性害虫防控措施》的落实，尽快按照北京市植物保护站统一部署做好"三道防线"重点阻截区的布控工作。

二、早部署，早监测

顺义区有重大植物疫情测报灯监测点6个：高丽营镇南朗中村、赵全营镇稽山村、李桥镇北河村、杨镇红寺村、龙湾屯镇龙湾屯村和大孙各庄镇四福庄。

粮经病虫监测点7个：南彩镇道仙庄村、木林镇东沿头村、龙湾屯镇龙湾屯村、李遂镇沟北村、大孙各庄镇东华山村、田各庄村和杨镇齐家务村。

草地贪夜蛾侵入河南后，顺义区植保植检站于6月20日召开"草地贪夜蛾识别与监测部署会"，给6个重大植物疫情监测点及7个粮经监测点技术人员培训了草地贪夜蛾的识别特征、监测防控技术，安排部署顺义区监测防控工作；邀请北京市植物保护站测报科张智现场讲解、演式性诱捕器的安装和使用要点；强调要提高警惕、加强监测，发现疑似虫情立即上报，严防草地贪夜蛾给顺义区农业生产造成为害；现场给技术人员发放性诱捕器、宣传彩页等物品。

会后重大疫情监测点正式采用自动虫情测报灯及性诱捕器监测成虫，粮经监测点监测田间幼虫。与此同时印发《顺义区关于加强草地贪夜蛾监测与防控的通知》，要求各镇农业科尽快制定监测防控方案，安排种植农户开展田间普查，发现疑似害虫或为害症状立即报告。监测技术人员每天监测成虫、定期普查玉米田卵、幼虫及为害状，一旦发现疑似虫情立即上报、确认。

7月2日，召开"顺义区草地贪夜蛾防控工作部署会"，要求各镇在区级监测的基础上，做好全面普查。9月下旬，按照北京市"三道防线"重点阻截区的布控要求迅速将3 000套性诱捕器布放到玉米生产田，安排专人负责定期调查。今年未在顺义区监测到草地贪夜蛾成虫。

三、宣传到位

草地贪夜蛾属于外来新发重大害虫，针对广大种植户不认识、防治方法不清楚等问题，顺义区植保植检站印发《草地贪夜蛾识别与防控》宣传彩页8 000份，保证每户1份，普及草地贪夜蛾的识别和综合防控知识，避免防控措施不当造成安全隐患和不良影响。

四、防控措施落实到位

（一）做好应急防控准备

针对草地贪夜蛾具有迁飞性、突发性和暴发性等特点，玉米生长后期，防控难度大等特殊情况，顺义区植保植检站自筹资金17万元购买应急防控药剂（2%甲氨基阿维菌素苯甲酸盐微乳剂）2吨，可满足4万亩玉米应急防控的需要；同时要求各镇要提前做好药剂、药械等防控物资储备，并组织开展培训、应急防控演练。顺义区上下联动，随时准备行动，抓住低龄幼虫防治关键时期，治早、治小，坚决遏制草地贪夜蛾的蔓延。

（二）落实"三道防线"重点阻截区布控工作

根据《北京市农业农村局关于印发〈北京市草地贪夜蛾、草地螟等重大迁飞性害虫防控工作方案〉的通知》和"北京市草地贪夜蛾等重大迁飞性害虫防控工作部署会"精神，顺义区植保植检站积极行动，马上落实"三道防线"顺义段布防任务，确定监测防控设备的安放地点、负责人、联系方式等。设备到达后与厂家协调配合安装7台自动虫情测报灯、100台太阳能杀虫灯，布控3 000套性诱捕器，发挥其监测与防控作用。

2019年，顺义区严密防控草地贪夜蛾等重大迁飞性害虫，未发现草地贪夜蛾虫情。

顺义区植保植检站

2019年11月21日

2019年平谷区草地贪夜蛾监测防控工作总结

草地贪夜蛾是联合国粮农组织全球预警的重大迁飞性农业害虫。2019年1月以来，草地贪夜蛾相继从境外迁入我国西南华南等地区，并快速向北迁飞扩散。平谷区植物保护站根据市级和区级要求，结合平谷区实际情况，较好地完成了草地贪夜蛾虫情监测与防控工作。

一、领导重视，组织得力，及时推进

（一）各级领导重视，安排部署任务

接到《北京市农业农村局关于加强草地贪夜蛾监测防控的紧急通知》后，平谷区植物保护站领导班子立即组织召开工作部署会，成立草地贪夜蛾监测与防控技术领导小组，根据北京市植物保护站下发的《北京市草地贪夜蛾监测与防控方案》，结合平谷区粮经作物的种植情况，撰写了《平谷区草地贪夜蛾监测与防控方案》和物资储备资金请示，向平谷区农业农村局领导汇报，局领导高度重视，并根据不同阶段的工作情况，先后召开领导技术小组工作会议3次，研究各项工作部署，先后下发《关于加强2019年草地贪夜蛾监测防控工作的通知》《关于加强草地贪夜蛾、草地螟等重大迁飞性害虫防控工作的通知》和《关于安装重大迁飞性害虫防控设备的通知》等红头文件；主管局长带队下乡查看高空灯、杀虫灯、性诱捕器布局与安装情况，为顺利开展监测防控工作提供了领导支持。

（二）强化属地责任，增强风险意识

2019年7月2日和8月30日，由平谷区农业农村局组织召开2次乡镇级草地贪夜蛾监测防控工作部署会，各乡镇主管镇长、农办主任、推广站、执法队、疫情监测点等部门参加。会上，平谷区植物保护站站长着重强调了草地贪夜蛾监测防控工作的重要性；技术人员部署了监测任务，针对草地贪夜蛾识别诊断、监测防控方法进行了技术培训，主管局长明确要求各乡镇强化属地责任，增强风险意识，组织力量，加强监测，做好田间踏查，遇到疑似虫情及时上报，保护平谷区玉米的生产安全。

二、草地贪夜蛾虫情监测工作

（一）加强虫情监测

针对平谷区玉米种植情况，增设草地贪夜蛾虫情监测点，一是利用平谷区6个植物疫情监测点的自动虫情测报灯开展监测。二是在大兴庄镇、峪口镇、王辛庄镇、马昌营镇和马坊镇玉米种植大镇增设5

个监测点，每个监测点设置3种性诱捕器开展成虫性诱系统监测。三是对平谷区有代表性的玉米田块开展卵、幼虫和为害普查。

（二）建设完成"防控缓冲区"

根据北京市植物保护站统一要求，加紧部署落实建设平谷区草地贪夜蛾、草地螟等重大迁飞性害虫的"防控缓冲区"，平谷区共布设10台高空测报灯、275台太阳能杀虫灯和300套性诱捕器，做到多种监测手段共同发挥效力，同时要求各乡镇全科农技员发挥基层作用，及时主动开展玉米田间调查。

（三）畅通通道，强化沟通，建立信息上报制度

建立平谷区草地贪夜蛾工作微信群，群内成员为各乡镇农办领导、全科农技员，通过实时发布识别技术、测报方法和最新虫情信息，监测情况，防控缓冲区完成情况等，及时有效地进行信息传递，草地贪夜蛾未发生时，虫情实行周报制，每周五上报一次数据，一旦发现成虫，立即启动日报制。这些顺畅的沟通途径，为监测和防控工作开展起到良好的支撑作用。

三、草地贪夜蛾防控工作

（一）抓紧落实应急防控资金

接到草地贪夜蛾监测防控任务后，平谷区植物保护站根据平谷区小麦和玉米种植情况，结合北京市植物保护站防控方案中推荐的防控药剂名单，撰写应急防控资金申请，由局机关上报平谷区财政，保证草地贪夜蛾发生为害时，资金能够迅速到位。

（二）遴选植保专业化统防统治组织

对平谷区植保系统的专业化防控组织进行摸底调查，了解各专业化防控组织工作实况和作业能力，遴选出3家有实力的植保专业化防治队，保证在虫情发生时，能够及时响应，随时开展防控工作。

（三）发现虫情，应急到位

2019年9月28日，在马昌营镇王官屯村首次利用性诱捕器诱集草地贪夜蛾疑似成虫17头，经北京市植物保护站专家确认为草地贪夜蛾成虫。发现虫情后，立即启动应急防控预案。第一时间上报区领导，主管局长第一时间赶到现场督导。平谷区植物保护站在平谷区草地贪夜蛾工作群内发布紧急通知，要求布控性诱捕器的9个乡镇立即开展拉网式排查，启动虫情日报制度。

因草地贪夜蛾发生时玉米即将收获，气候条件不利于其发生发展，技术小组预判其造成严重危害的可能性较小，且田间未发现幼虫，暂不开展大面积的药剂防控，部署严密监测虫情，截至10月25日，共发现草地贪夜蛾成虫35头。

四、多途径开展草地贪夜蛾监测防控技术培训与宣传

（一）开展专项技术培训

2019年7月2日和7月16日，平谷区植物保护站分别在平谷区农业农村局会议室和平谷区党校大礼堂举办草地贪夜蛾识别监测与防控技术培训会。培训人员涵盖了全区18个乡镇、街道农办主任和全科农技员290余人。北京市植物保护站副站长杨建国、测报科科长谢爱婷、平谷区植物保护站李婷婷分别进行了培训。因草地贪夜蛾属于新发害虫，多数监测人员获得的识别技术来自各类培训和媒体，缺少实践经验，针对草地贪夜蛾的生物学习性、形态特征、为害特点、监测及防控技术等方面进行了专项培训，印发草地贪夜蛾的识别与防控宣传彩页1 000份，加强了平谷区草地贪夜蛾监测防控的基层意识和技术水平，对平谷区草地贪夜蛾监测防控工作起到了广泛宣传，增强意识，夯实监测基础的作用。

（二）结合其他业务工作和途径开展培训

根据平谷区植物保护站业务工作安排，结合植物医生培训、蔬菜安全监管、下乡出诊等各项工作，培训和宣传草地贪夜蛾识别和监测知识，范围涵盖种植大户、蔬菜基地技术员、农贸经销商等多层次群体，进一步提高基层技术人员的监测防控意识，为群防群治提供了知识保障和技术支撑。

平谷区植物保护站

2019年11月25日

2019 年延庆区草地贪夜蛾监测防控工作总结

根据北京市农业农村局《北京市草地贪夜蛾、草地螟等重大迁飞性害虫防控工作方案》和北京市草地贪夜蛾等重大迁飞性害虫防控工作部署视频会精神，制定了延庆区草地贪夜蛾防控工作方案，并开展相关工作，现总结如下。

一、设立工作目标

针对草地贪夜蛾等迁飞性害虫的严峻发生形势，及时组织人力、财力、物力，加强虫情监测，落实构建防控缓冲区，做到"三力争、两确保"。"三力争"即力争阻截于区域外、力争农业生产不成灾，力争严防进入城中区。"两确保"即确保延庆区不发生大面积为害成灾、确保不造成重大社会影响。

二、防控工作任务

（一）构建"三道防线"防控缓冲区

根据北京市指示精神，延庆区植物保护站在延庆区15个乡镇，共设置40台高空测报灯和410台太阳能杀虫灯，形成1条高空测报灯监测阻截带和1条杀虫灯阻截带，监测诱杀草地贪夜蛾、草地螟、蝗虫、黏虫等重大迁飞性害虫，努力做到提早防、联合防、全域防、综合防、长期防。

（二）做好应急防控准备

针对玉米生长后期，防控难度大等特殊情况，延庆区遴选了2支植保专业化防控队伍，随时待命。同时，妥善存储市、区的应急防控药剂，并注意使用安全。

（三）做好虫情监测与普查

延庆区加大草地贪夜蛾等重大迁飞性害虫虫情监测与普查。按照技术方案要求，定期对性诱捕器和测报灯诱到的昆虫进行统计，确保成虫早发现、早预警。

三、监测防控工作开展情况

（一）组织学习宣传培训

（1）6月27日和8月23日，参加北京市草地贪夜蛾视频会。会上介绍了目前全国草地贪夜蛾发生防控情况并部署工作。

（2）7月2日，延庆区组织召开各乡镇主管镇长工作会，部署各项工作。

（3）7月9日，延庆区植物保护站组织召开延庆区草地贪夜蛾监测防控培训会。各乡镇农服中心、全科农技员、种植中心各站所90余人参加，北京市植物保护站谢爱婷高级农艺师介绍了草地贪夜蛾当前发生防控情况，并对草地贪夜蛾的生物学习性、形态特征、为害状及监测防控技术等做了详细的讲解。

（4）8月30日，北京市植物保护站组织各区到河北省邯郸市交流学习，实地调查草地贪夜蛾成虫、幼虫及为害状。

（5）12月23日，再次组织召开延庆区草地贪夜蛾监测防控培训会，培训各级监测技术人员、全科农技员200人次。

延庆区累计举办技术培训5期，培训人数360余人次，发放技术挂图、手册2 000余份，投入技术人员1 000余人次，开展大面积普查。

（二）监测和普查工作

1. 成虫监测

目前延庆区玉米及杂粮种植面积15万亩左右，共设置40台高空测报灯、410台太阳能杀虫灯、15台智能信息素光源诱捕器和9个性诱捕器监测点（55套性诱捕器），形成1条高空测报灯阻截监测带和1条杀虫灯带。40台高空测报灯和410台太阳能杀虫灯由北京市植物保护站统一采购，区植保站负责对接各乡镇，各乡镇做好资产接收、登记、确定安装地点、管理和使用工作。延庆区植物保护站和各乡镇签订管理使用协议，乡镇负责安排具体监测人员，监测管理费用由延庆区植物保护站统一支付。

15台智能信息素光源诱捕器和9个性诱捕器监测点（55套性诱捕器）由延庆区植物保护站安排专人负责监测，与之签订监测管理协议，并付给监测管理费。要求所有监测人员定期上报数据，保证数据的真实性、准确性、及时性。延庆区植物保护站粮经测报室指定专人每日向北京市植物保护站报送监测防控工作情况。9月10日，在旧县镇绿富隆观光园昆虫雷达监测基地首次发现草地贪夜蛾成虫1头，截至10月底延庆区累计诱集草地贪夜蛾成虫7头，田间未发现卵、幼虫及为害状。

2. 卵、幼虫、蛹监测普查工作

在玉米等作物生长期，选择10个有代表性的田块，每周开展一次田间卵、幼虫、蛹普查，及时掌握情况。由于延庆种植的是春播玉米，7月中下旬已经进入孕穗期，根据草地贪夜蛾喜食幼嫩玉米的习性，田间未发现草地贪夜蛾为害。

（三）做好防治药剂储备及防控处置

延庆区植物保护站提前做好农药、器械等防控物资和人员准备，一旦发生虫情，两个专防组织、各乡镇村在延庆区种植业中心、植物保护站专业技术人员的指导下可立即进行防控。

根据延庆区玉米和杂粮的种植面积，经与延庆区农业农村局沟通，储备了1.5万亩的防控物资，主要包括：乙基多杀菌素、高效氯氟氰菊酯、苏云金杆菌3种杀虫剂共计1 950千克。

北京市植物保护站下发的防控物资：苏云金杆菌、氯虫苯甲酰胺、甲维·虫螨脲、高效氯氟氰菊酯1 200千克。

（四）资金保障

按照防控工作方案要求，延庆区植物保护站负责设备运行、维护，技术培训，监测防控等。根据京政农〔2019〕105号文件，参照保障措施中的第四条"强化物资保障"的要求，由区级财政予以保障，并严格按照技术方案要求，做好数据记录，以备查验。2019年，共申请草地贪夜蛾应急防控资金105.01万元，已经全部到位，主要包括物资储备费、监测管理费、专防组织建设费、学习宣传培训费等。

四、2020 年监测防控工作计划。

（一）申请监测防控经费

计划申请草地贪夜蛾监测防控资金150万元。主要包括55盏监测灯及10个性诱捕器监测点运行维护、专业化统防统治、防控物资储备、技术培训等费用。

（二）加强监测及宣传培训力度

由于草地贪夜蛾属于新发害虫，加强对监测技术人员的识别、监测和防控技术培训极其重要。通过微信群、病虫简报、电视和发放明白纸等形式，宣传普及草地贪夜蛾的识别特征、监测方法和防控知识，进一步提高监测、可防可控意识，充分发挥基层群众力量，做到群防群治。

延庆区植物保护站

2019年12月25日

2019年密云区草地贪夜蛾监测防控工作总结

根据《北京市农业农村局关于印发〈北京市草地贪夜蛾、草地螟等重大迁飞性害虫防控工作方案〉的通知》、北京市草地贪夜蛾等重大迁飞性害虫防控工作部署视频会和北京市植物保护站制定的北京市草地贪夜蛾、草地螟等重大迁飞性害虫防控工作措施，密云区农业服务中心领导高度重视，第一时间与密云区植保植检站制定出密云区草地贪夜蛾等重大迁飞性害虫防控方案，并组织人力、财力、物力，加强虫情监测，积极落实北京市植物保护站构建"三道防线"的防控策略，做到"三力争、两确保"。"三力争"即力争阻截于市域外、力争农业生产不成灾、力争严防进入城中区。"两确保"即确保北京市不发生大面积为害成灾、确保不造成重大社会影响。

一、完成"三道防线"防控缓冲区设备安装

根据草地贪夜蛾、草地螟等重大迁飞性害虫的发展态势和为害特点，北京市植物保护站计划在北京市及周边省市构建防控缓冲区、重点阻截区、核心防控区等"三道防线"。密云区作为防控缓冲区，密云区植保植检站积极协调，在17个乡镇按照实际情况设置高空测报灯15台、按每50亩或2千米设1台杀虫灯的标准，共设置210台太阳能杀虫灯，布控性诱捕器共1 400套。形成1条高空测报灯监测阻截带和1条杀虫灯带，监测诱杀草地贪夜蛾、草地螟等重大迁飞性害虫，并做好相关记录。努力做到提早防、联合防、全域防、综合防、长期防。

二、认真开展虫情监测与普查

根据北京市植物保护站要求，密云区植保植检站认真做好虫情监测与普查工作，从7月11日至10月26日，共普查17个乡镇，7 000亩玉米田。除此之外，密云区植保植检站组织各乡镇农业服务中心号召全科农技员和村民定期调查玉米田草地贪夜蛾成虫发生情况。9月14日，经北京市植物保护站专家确认，在密云区河南寨镇平头村性诱监测点首次发现草地贪夜蛾成虫2头，截至10月底，在平头村通过性诱捕器共发现21头草地贪蛾成虫，其他乡镇未发现草地贪夜蛾。

三、完成应急防控准备及培训工作

针对玉米生长后期，防控难度大等特殊情况，加强草地贪夜蛾虫情监测，强化监测预警。将草地贪夜蛾作为重点监控对象，充分利用性诱捕器、高空灯等监测设备加密监测，尤其对玉米种植集中

区域进行重点监测，各相关监测点指定专人负责，对重点作物、重点区域开展普查，按时报送监测数据。积极组织各乡镇全科农技员和部分村民对草地贪夜蛾识别和监测防控知识进行培训，共组织草地贪夜蛾监测防控技术专题培训6次，培训130人次。确保各乡镇全科农技员都能大致识别草地贪夜蛾成虫，对疑似成虫及时上报给密云区植保植检站。此外，密云区植保植检站遴选1支植保专业化防治队，即北京河南寨农机服务专业合作社，调配防治药剂储备工作，保障及时发现及时防治。

四、做好虫情信息报送

密云区植保植检站指定专人报送给北京市植物保护站监测防控工作信息，对于虫情实行日报告制度。任何单位和个人一旦发现疑似草地贪夜蛾或出现草地螟等重大迁飞性害虫的大量迁入时，随时向当地农业农村主管部门或密云区植保植检站报告，疑似虫情由密云区植保植检站及时上报北京市植物保护站核实鉴定，确定为虫情后，逐级上报，及时做好防治工作，并做好记录备查。

五、下一年工作计划

1. 继续做好草地贪夜蛾监测、预警工作

2. 继续加大草地贪夜蛾的培训工作

3. 继续加强防控工作、完善信息报送

4. 防治药剂储备工作

密云区植保植检站

2019年11月28日

2019年大兴区草地贪夜蛾监测防控工作总结

按照北京市植物保护站和大兴区农业农村局对草地贪夜蛾监测、防控工作要求，制定了大兴区草地贪夜蛾监测防控方案，开展区、镇级技术培训，及时将北京市植物保护站配发的物资发放到各镇，设立虫情监测点等多项工作，在4个镇发现草地贪夜蛾成虫，主要工作如下。

一、参加北京市草地贪夜蛾工作会

6月27日，大兴区植保植检站技术人员参加北京市植物保护站组织的2019年北京市草地贪夜蛾监测防控工作部署会。会上北京市植物保护站布置2019年北京市草地贪夜蛾测报防治工作任务；全国农技中心病虫害测报处做了草地贪夜蛾发生动态与监测预报技术培训。此次工作会对大兴区草地贪夜蛾监测与防控工作起到指导和促进作用。

二、及时制定大兴区草地贪夜蛾监测防控方案

根据草地贪夜蛾生物学习性和为害特点，按照《北京市农业农村局关于草地贪夜蛾监测防控的紧急通知》精神，结合大兴区实际，6月12日，大兴区植保植检站制定《2019年大兴区草地贪夜蛾监测与防控方案》。9月20日，大兴区在西红门镇首次发现草地贪夜蛾成虫后，制定了紧急防控方案，下发各镇，进一步加强草地贪夜蛾的防控工作。

三、适时组织开展监测防控技术培训和物资发放

（一）召开草地贪夜蛾监测与防控工作会

6月25日，大兴区植保植检站召开"2019年大兴区草地贪夜蛾监测与防控工作会"。9个镇农技推广站站长、技术人员和14个虫情监测点人员共计30余人参加了培训会。北京市植物保护站谢爱婷科长针对草地贪夜蛾监测与防控技术进行了培训；大兴区植保植检站技术人员对大兴区草地贪夜蛾监测和防控工作进行了部署，要求加强监测，及时报送虫情动态信息，及时开展防控工作。此次培训向各镇发放"草地贪夜蛾识别与防控"宣传材料1 000份，对大兴区草地贪夜蛾监测与防控工作起到促进作用。

（二）开展技术培训

7月2日，大兴区植保植检站在庞各庄镇四季阳坤举办草地贪夜蛾监测与防控培训会。庞各庄镇农

技推广站技术人员、庞各庄镇各村全科农技员及种粮大户共计60余人参加了培训会。大兴区植保植检站技术人员针对草地贪夜蛾监测与防控技术进行了培训；发放"草地贪夜蛾识别与防控"宣传材料500份。8月26日，在采育镇举办草地贪夜蛾监测与防控培训会，采育镇的23名全科农技人员和监测点人员、科技站的技术人员等参加了此次培训。大兴区植保植检站共组织开展技术培训6次，累计培训人员260余人，发放宣传资料2 000份。通过宣传培训，使大家在思想上加以重视，在技术方面对草地贪夜蛾的形态特征和生理习性有了初步了解，基本掌握了草地贪夜蛾的监测与防控方法。

（三）发放防控物资

安装太阳能杀虫灯50台，分布在9个镇10个园区；测报灯6台，分布在6个园区；布控性诱捕器1 430套覆盖大兴区全区域。北京市植物保护站分配的药剂苏云金杆菌170千克、氯虫苯甲酰胺85千克、甲维·虫螨脲85千克、高效氯氟氰菊酯85千克按要求分发到各镇，大兴区植保植检站技术人员针对药剂使用方法进行了培训。大兴区植保植检站与太阳能杀虫灯、测报灯所在的园区及合作社签订了安全使用协议、资产调拨协议，明确双方职责。

四、加强虫情监测工作

（一）设置监测点

建立13个区级草地贪夜蛾监测点和10个镇级草地贪夜蛾监测点，区镇两级植保技术人员广泛开展监测工作；大兴区植保植检站通过6个检疫虫情监测点，采用自动虫情测报灯进行监测，每天观察及时上报。新建长子营镇留民营、青云店镇曹村和榆垡镇东押堤、魏善庄镇东枣林和礼贤镇祁各庄等玉米田性诱监测点，开展成虫系统监测，并及时报送虫情。

（二）田间调查

大兴区植保植检站技术人员结合病虫普查，对大兴区玉米病虫监测点进行草地贪夜蛾发生情况调查。1 430套性诱捕器发放到各镇之后，各镇及时布置到玉米种植区，安排专人每天开展监测，每日报送虫情信息。

五、数据上报

虫情采取零报告制度，技术人员每天对田间分布的性诱捕器进行普查，各镇每天将虫情发生情况上报到大兴区植保植检站，大兴区植保植检站将大兴区数据汇总之后上报北京市植物保护站。

六、虫情及发生原因分析

大兴区共有4个镇发现草地贪夜蛾成虫，其中，最早发现在西红门镇，随后在采育镇、庞各庄镇和青云店镇相继发现。根据草地贪夜蛾的生物学习性，大多数性诱捕器布放在嫩幼玉米地周围，西红门镇不是农业主产镇，但在流转地的青贮玉米田有发生，更进一步印证草地贪夜蛾喜食幼嫩玉米的特性。榆垡镇是农业大镇，但是没有发现草地贪夜蛾成虫和幼虫，从侧面说明草地贪夜蛾成点片发生。在大兴区未发现草地贪夜蛾幼虫，根据它的食性习惯，幼虫更喜欢以心叶为食，在大兴发现成虫已经是9月下旬，春播玉米已经成熟，夏播玉米也进入生长后期，不利于幼虫的取食和生存，所以没有造成大面积作物受害的情况发生。

大兴区植保植检站

2019年11月26日

2019年房山区草地贪夜蛾监测防控工作总结

2019年1月，草地贪夜蛾入侵我国云南省，之后快速扩散蔓延，根据草地贪夜蛾的迁飞特性、为害特点和发生态势，综合各地预报信息，房山区植物疫病预防控制中心及时制定了《房山区草地贪夜蛾、草地螟等重大迁飞性害虫防控工作方案》，并及时做好虫情监测工作，现将今年房山区草地贪夜蛾监测与防控工作总结如下。

一、草地贪夜蛾监测防线布控

房山区地处重点阻截区。沿六环、与河北省临界处，设置50台太阳能杀虫灯，12盏虫情测报灯，2 645套性诱捕器，建立北京市第二道阻截杀虫带。

房山区早年已投入使用的虫情测报灯有6盏，分布在城关镇八十亩地村，阎村镇种子公司、石楼镇坨头村、韩村河镇曹章村、琉璃河镇周庄村。今年新增的50台太阳能杀虫灯、6盏虫情测报灯安装在与河北省交界的乡镇夏播玉米田边。安装地址如下：韩村河镇郑庄村、窦店镇芦村、琉璃河镇庄头村、大石窝镇镇江营村、韩村河镇二龙岗、周口店镇娄子水村和张坊镇千河口村。在全区21个粮食种植乡镇建立105个性诱监测点，布控性诱捕器共2 645套。

二、虫情监测与报送制度

2019年6月24日至10月25日，房山区通过草地贪夜蛾性诱捕器、虫情测报灯、杀虫灯和田间调查的方式进行虫情监测，未发现成虫及田间为害。

（一）做好虫情监测

重点监测春、夏玉米田、谷子田，设立虫情监测田5块（窦店镇窦店村、琉璃河镇常舍村、石楼镇支楼村、阎村镇十三里村、韩村河镇曹章村），监测田以外也全面开展虫情普查，并密切关注该虫在其他作物上是否发生为害，共调查房山区作物71 200亩次，出动调查人员570余人次。

（二）虫情确认与报送制度

要求房山区所有虫情测报灯和性诱捕器监测点安排专人负责监测，并每日报送数据，房山区指定专人每日向北京市植物保护站报送防控工作信息，对于虫情实行零报告制度。任何单位和个人一旦发现疑似草地贪夜蛾，应及时向房山区植物疫病预防控制中心报告。疫控中心接到报告后，应当及时调查核实并送检，并做好记录备查。虫情确定后，应当及时上报，同时报送房山区农业行政主管部门，并纳入重大病虫监测内容。

三、草地贪夜蛾应急防控工作准备

（一）防治药剂准备

北京市植物保护站分发到房山区的应急防控药剂如下：苏云金杆菌220千克、氯虫苯甲酰胺110千克、甲维·虱螨脲110千克和高效氯氟氰菊酯110千克，已及时分发到玉米种植密集乡镇、村（表1）。

表1　药品发放　　　　　　　　　　　　　　　　　（单位：千克）

序号	乡镇、村	苏云金杆菌	氯虫苯甲酰胺	甲维·虱螨脲	高效氯氟氰菊酯
1	窦店镇窦店村				20
2	琉璃河镇庄头村				20
3	窦店镇普安屯村				20
4	阎村镇开古庄				20
5	韩村河镇天开村				20
6	周口店镇娄子水村				10
7	大石窝镇镇江营村	30	8	10	
8	窦店镇芦村	40	14	20	
9	韩村河镇郑庄	40	16	10	
10	窦店镇西安庄	30	16	10	
11	大石窝镇北尚乐村	40	16	20	
12	石楼镇夏村		16	20	
13	韩村河镇曹章村		16	10	
14	窦店镇板桥村	40	8	10	
合计		220	110	110	110

（二）防治药械准备

针对玉米生长后期，防控难度大等特殊情况，房山区遴选2支专业防控队伍，并协调房山区农业机械技术推广站准备植保无人机2架。

四、开展防控技术培训

共举办技术培训6期，培训503人，发放宣传材料2 130余份。

2019年6月24日，在房山区完成5个性诱捕器监测点布设工作，发放宣传材料100余份，现场培训了草地贪夜蛾的识别与监测技术，共培训监测人员15人。2019年6月27日，通过房山区农服中心向全区280名全科农技员发送草地贪夜蛾识别防控培训课件。2019年7月3日，房山区召开草地贪夜蛾监测与防控工作部署会，房山区农业技术服务中心副主任、农业农村局重大疫情办公室及植物疫病预防控制中心主任、23个乡镇农业主管领导等参加会议。发放培训材料70余份，并对23个乡镇部署了监测及报送工作，要求各乡镇高度重视，认真做好监测与防控。2019年7月4日，在房山区植物医院开展草地贪夜蛾技术培训，培训植物医生8人，发放宣传材料30余份。2019年7月11日，房山区农业技术推广站组织农民田间学校学员、种粮大户、农技员约50人，学习草地贪夜蛾防控知识。2019年8月28日，房山区农业农村局组织乡镇农发办人员及农业农村局工作人员约80人开展技术培训，并给各乡镇部署房山区草地贪夜蛾、草地螟等重大迁飞性害虫防控工作，发放宣传材料80份。2019年9月12—20日，为各乡镇发放草地贪夜蛾性诱捕器2 630套，同时发放宣传材料1 850份。

五、2020 年防控工作计划

2020年，房山区将继续认真开展草地贪夜蛾、草地螟和黏虫等重大迁飞性害虫防控工作。

（一）做好防控物资储备

申报2020年草地贪夜蛾、草地螟和黏虫等重大迁飞性害虫防控药剂购置费49 000元，购买甲维·虱螨脲35千克。

（二）购置监测工具

2020年5—10月，继续布控草地贪夜蛾性诱捕器进行成虫监测，申报购买草地贪夜蛾性诱芯，6个月预计使用7 890枚，购置费78 900元。

（三）确保监测经费

2019年，新建6个迁飞性害虫监测点，2020年4—10月期间使用虫情测报灯进行成虫监测，每点雇工1人，雇工费5 000元/点，申报监测点雇工费共30 000元。

房山区植物疫病预防控制中心

2019年11月18日

2019年怀柔区草地贪夜蛾监测防控工作总结

怀柔区植物保护站依据《北京市农业农村局关于加强草地贪夜蛾监测防控的紧急通知》及《北京市农业农村局关于印发〈北京市草地贪夜蛾、草地螟等重大迁飞性害虫防控工作方案〉的通知》文件精神，按照《北京市植物保护站关于印发〈北京市草地贪夜蛾监测与防控方案〉的通知》要求，依托市、区两级领导大力支持，怀柔区植物保护站圆满完成2019年草地贪夜蛾等重大迁飞性害虫监测防控工作，总结如下。

一、组织领导

为顺利开展草地贪夜蛾、草地螟等重大迁飞性害虫防控工作，怀柔区农业农村局制定了《怀柔区草地贪夜蛾监测与应急防控方案》及《怀柔区草地贪夜蛾、草地螟等重大迁飞性害虫防控工作方案》。同时，在怀柔区防治重大动植物疫情应急指挥部办公室领导下，成立防控工作领导小组，怀柔区农业农村局主管副局长任组长，负责组织协调；法规与应急管理科科长、怀柔区植物保护站站长任副组长，负责组织实施；小组成员为怀柔区植物保护站业务技术人员及北京福源广农机服务专业合作社负责人，负责监测与防控工作的具体实施。

二、监测防控工作进展

（一）虫情监测工作

1. 成虫监测

通过5个植物疫情监测点、10个高空虫情监测点共15名监测人员，应用5台自动虫情测报灯、10台高空测报灯、65套性诱捕器，对辖区汤河口镇等重点乡镇、重点田块开展草地贪夜蛾、草地螟等重大迁飞性害虫成虫监测，实行虫情零报告制度，怀柔区植物保护站汇总虫情信息报送至北京市植物保护站。

2. 幼虫普查

怀柔区植物保护站测报人员每周开展一次田间幼虫发生情况普查，选取玉米、高粱、谷子等有代表性大田作物田块开展调查，累计调查面积4 000余亩，未发现草地贪夜蛾卵、幼虫及为害症状。

（二）应急防控工作

1. 构建防控缓冲区防线

按照北京市植物保护站统一部署，怀柔区配合做好"三道防线"防控缓冲区构建，将10台高空测报灯安装在宝山镇和汤河口镇，延栾赤公路分布，自西向东形成一条高空测报灯阻截监测带；将105台太阳能杀虫灯安装在辖区北部喇叭沟门乡、长哨营乡、宝山镇、汤河口镇，选择玉米等大田作物周边均匀分布，形成怀柔区北部杀虫灯防治带。

2. 做好应急防控准备

遴选北京福源广农机服务专业合作社为怀柔区草地贪夜蛾、草地螟应急防控专业服务组织，做好应急防控药械储备，包括：2台旋翼无人施药机、1台风送式果林喷雾机、20台背负式静电喷雾器；北京市植物保护站配发的苏云金杆菌等防治药剂350千克和库存0.5%苦参碱1 000千克作为应急防控药剂储备。

（三）宣传培训

1. 组织召开怀柔区草地贪夜蛾防控技术培训工作会

对怀柔区各乡镇农业发展办公室负责人、相关技术人员、部分全科农技员开展监测及防控技术培训，对负责成虫监测人员进行成虫形态特征识别、监测设备使用培训；发布《注意迁飞性害虫草地贪夜蛾突发危害》植保简报1期，普及草地贪夜蛾相关技术知识。

2. 开展应急防控演练

11月20日，在怀柔区杨宋镇冬小麦田开展草地贪夜蛾应急防控演练现场观摩会。重点演练了应急处置流程，包括虫情逐级报告，植保无人机、迷雾施药机、喷杆施药机等多种设备开展应急防控示范等。切实做好应急防控准备，努力提高植保应急事件反应速度和处置能力。

三、下一步工作计划

1. 对怀柔区高空测报灯、太阳能杀虫灯做好维护保存工作

2. 开展虫情测报点、高空灯监测点监测人员的技术培训工作

怀柔区植物保护站

2019年11月22日

2019年海淀区草地贪夜蛾监测防控工作总结

海淀区作为"草地贪夜蛾、草地螟等重大迁飞性害虫的核心防控区",为切实做好防控工作,确保重大活动不受影响,根据《北京市农业农村局关于印发〈北京市草地贪夜蛾、草地螟等重大迁飞性害虫防控工作方案〉的通知》要求,参照北京市植物保护站方案中草地贪夜蛾生物学习性及为害特点,结合海淀区玉米、水稻种植情况(玉米3 200亩,水稻1 200亩),扎实开展监测防控工作,圆满完成各项任务,具体工作总结如下。

一、成立草地贪夜蛾监测与防控领导小组

为统一指导海淀区草地贪夜蛾监测与防控工作,成立"海淀区草地贪夜蛾监测与防控领导小组",负责因地制宜制定监测防控方案,督导落实各项措施,应急处置突发虫情。召开工作部署会两次,成员如下:

组　　长:海淀区农业农村局副局长
副组长:海淀区农业执法大队队长
组　　员:海淀区植保机构技术人员及各镇农服中心负责人、统防统治公司负责人。

二、加强草地贪夜蛾、草地螟等虫情监测

(一)设置监测点

海淀区设立65个监测防控点,安装80台太阳能杀虫灯和570套性诱捕器。监测防控工作遵循成虫优先的原则,根据北京市植物保护站《北京市草地贪夜蛾监测与防控方案》要求和海淀区实际情况,以行政村和生产园区为单位,海淀区设置65个监测防控点。每个监测防控点设置1~3台太阳能杀虫灯和8~25套性诱捕器。

(二)监测点设备安装和工作要求

采用北京市植物保护站统一发放的桶形性诱捕器,性诱芯每2个月更换一次。以镇为单位,每个镇指定一名工作人员专职负责该项工作,每个监测防控点设置一名负责人,专人专岗负责杀虫灯和性诱捕器的维护管理工作,确保设备正常运转,不损毁,不丢失。

（三）田间普查情况

发现成虫后开始田间查卵，5天调查1次，成虫盛末期结束。调查对象为苗期至灌浆期的玉米田，采用5点取样法，每点查10株，每点间隔距离视田块大小而定。海淀区玉米种植主要以散户和青贮玉米为主，基本没有大面积种植单位，至北京市首次发现成虫时，海淀区80%以上的玉米已经收割完毕，田间玉米也基本进入成熟期，因此未发现卵块和幼虫。

（四）及时有效上报信息

监测防控点的负责人每天检查诱捕成虫和幼虫普查情况，并将数据及时准确上报镇级负责人，镇级负责人上报到农业执法大队，虫情实行零报告制度，即有无虫情发生均需上报。

三、开展草地贪夜蛾、草地螟监测防控技术培训与宣传

由于草地贪夜蛾属于新发害虫，多数监测人员获得的识别及监测技术来自各类培训和媒体，缺少实践经验。因此，海淀区在组织专家开展识别诊断、监测和防控技术培训的基础上，同时委托专业化统防统治公司开展监测工作，并密切关注其他区发生动态。此外，结合化学农药减量工作，依托"海淀区植物医院"工作平台，将草地贪夜蛾宣传资料发放到65个监测防控点，提高农业生产者监测防控意识，充分发挥基层群众力量，做到群防群治。共举办培训班2期，培训人员100余人次，发放宣传材料500多份。

四、制定应急防控方案，做好防治药剂储备

草地贪夜蛾和草地螟具有迁飞性、突发性和暴发性等特点，要求各镇高度重视监测防控工作，加大宣传力度，组织开展技术培训与宣传，推进落实海淀区草地贪夜蛾防控方案，抓好海淀区草地贪夜蛾和草地螟等重大迁飞性害虫监测与防控工作。

海淀区农业执法大队根据海淀区玉米种植情况，做好农药和器械等防控物资和人员准备，治早、治小，坚决遏制草地贪夜蛾和草地螟等在海淀区发生、蔓延与为害。根据市植保站推荐的草地贪夜蛾应急防治用药名单，执法大队储备4种药剂用于应急防控：氯虫苯甲酰胺、高效氯氰菊酯、苏云金杆菌和甲维·茚虫威。

五、监测防控结果及风险分析

通过上述工作的稳步推进，海淀区苏家坨镇监测点于9月18日发现草地贪夜蛾疑似成虫2头，并按照相关程序报请市植保站测报科确认后认定，后续各监测点加大监测力度，上庄镇和西北旺镇也先后发现成虫，截至目前，全区总计诱到草地贪夜蛾成虫11头，未发现幼虫。由于此期间海淀区玉米均已进入收获期，无幼嫩植株，因此防控必要性不大，未进行药剂防治。

根据草地贪夜蛾的生物学特性和今年发生特点，区农业执法大队邀请北京市农林科学院和北京市

植物保护站专家进行了2020年发生情况风险分析，研判防控策略，确保海淀区玉米生产安全。

根据专家建议，海淀区2020年草地贪夜蛾监测防控工作重点整理如下：

（1）据全国草地贪夜蛾发生现状和趋势，2020年北京市草地贪夜蛾发生时期应比2019年偏早，采取理化诱控加化学防治的措施较为妥当。

（2）生物防治措施在后续防控中将有重要位置，但针对草地贪夜蛾这类大范围迁飞性害虫，所有防控策略，应是测报先行。

（3）目前的研究结果显示，在实验室状态下，小花蝽、草蛉和异色瓢虫对草地贪夜蛾的卵块和低龄幼虫都有较好的取食效果，但形成有实效的田间应用尚需时日。

（4）生物防治还可结合BT、病毒的使用，优选监测防控设备，整合海淀区农业科技优势，开发最有效的性诱芯。

（5）2019年全国性防控草地贪夜蛾更大的意义是：政府、农业行政主管部门和科研单位通力协作，主动且成功地实现了全国范围的监测预警和防控。

（6）北京市在全国草地贪夜蛾防控工作中的定位应该是：保障首都生物安全和生态安全，确保重大活动不受影响，阻截草地贪夜蛾迁入东北玉米主产区。

（7）防控策略要考虑"生态优先，安全优先，生物安全"的综合因素，不是从数量上控制虫情，而是从防控的质量入手。

（8）吸取全国防控的先进经验，建立一种区域性综合防控和可持续治理模式，带动引领全国害虫综合防控模式的转变。

六、开展草地贪夜蛾麦田普查工作

海淀区温泉镇小麦播种面积100亩，留白增绿性质，不是常规生产田，其他镇无种植。经普查，温泉镇小麦田未发现草地贪夜蛾成虫及幼虫。

海淀区农业执法大队
2019年11月25日

2019年朝阳区草地贪夜蛾监测防控工作总结

为贯彻落实《北京市农业农村局关于印发〈北京市草地贪夜蛾、草地螟等重大迁飞性害虫防控工作方案〉的通知》及朝阳区农业农村局《关于朝阳区草地贪夜蛾防控工作的紧急通知》文件精神，朝阳区植物保护检疫站对草地贪夜蛾的防控工作高度重视，根据草地贪夜蛾的发生态势和为害特点，做到了提早防、联合防、全域防、综合防和长期防，完成了国庆节应急保障工作。下面就有关朝阳区草地贪夜蛾监测防控工作总结汇报如下。

一、积极参加市农业农村局和市植保站组织的各项培训

朝阳区植物保护检疫站监测技术人员积极参加6月、8月北京市农业农村局召开的2次北京市草地贪夜蛾电视电话会及重大植物疫情应急演练桌面推演会，8月底派技术人员参加北京市植物保护站在河北举办的交流考察草地贪夜蛾监测防控技术观摩培训，9月初参加北京市植物保护站在昌平区召开的草地贪夜蛾防控现场会。通过学习使朝阳区监测技术人员掌握了草地贪夜蛾成虫、幼虫形态特征及为害症状，为朝阳区草地贪夜蛾监测工作打下了坚实基础。

二、积极开展辖区草地贪夜蛾监测技术培训

朝阳区植物保护检疫站对草地贪夜蛾的监测防控工作高度重视，于7月4日、8月23日和9月9日，3次召开草地贪夜蛾监测防控培训工作会，邀请北京市植物保护站专家讲解草地贪夜蛾的识别、发生趋势及监测防控技术。朝阳区植物保护检疫站副站长结合朝阳区农业生产情况，讲解了朝阳区草地贪夜蛾监测与防控技术方案，布置了监测任务，并现场演示培训了性诱捕器的安装及使用方法。前后共培训70余人次，发放防治图册400余份，为朝阳区全面开展草地贪夜蛾的监测防控工作打开了局面。

三、制定朝阳区草地贪夜蛾监测与防控技术方案

根据《北京市植物保护站关于印发〈北京市草地贪夜蛾监测与防控方案〉的通知》的通知，6月26日，朝阳区植物保护检疫站制定了《朝阳区草地贪夜蛾监测与防控技术方案》。

根据朝阳区农业生产情况，由朝阳区植物保护检疫站牵头，成立了金盏、崔各庄、黑庄户、王四营乡服务中心及4个植物疫情监测点为成员单位的朝阳区草地贪夜蛾监测与防控实施主体。

四、设置草地贪夜蛾监测点

8月23日，召开朝阳区草地贪夜蛾监测防控工作部署会，培训了性诱捕器的安装和监测方法，由于草地贪夜蛾为新发害虫，各种监测设备的诱捕效果还有待验证，朝阳区除利用4个植物疫情监测点监测草地贪夜蛾外，同时在金盏、黑庄户、崔各庄玉米田设置3个性诱捕器监测点，每个监测点安装3套性诱捕器。监测期间每2天调查一次，发现成虫后开展逐日监测，朝阳区植物保护检疫站利用北京市植物保护站下发的238套性诱捕器在朝阳区范围内的农田、绿地、郊野公园和植物疫情监测点等区域又布置了19个草地贪夜蛾监测点，朝阳区共有26个草地贪夜蛾监测点，朝阳区植物保护检疫站、各乡服务中心和植物疫情监测点共60名监测人员参与草地贪夜蛾监测防控工作。

五、做好防控物资储备

朝阳区玉米种植面积580亩，主要集中在黑庄户、金盏、崔各庄和孙河等地，朝阳区植物保护检疫站储备了高效氯氰菊酯50千克、氯虫苯甲酰胺4千克、阿维菌素20千克和高效节能静电喷雾器5台等物资。要求朝阳区玉米种植单位做好人员准备，坚持治早、治小的原则，坚决遏制阜地贪夜蛾发生、蔓延与为害。

六、按时完成监测防控设备安装布控任务

北京市植物保护站下拨朝阳区性诱捕器238套，杀虫灯80盏。安装在朝阳区小红门等19个乡（地区办事处），238套性诱捕器于9月18日完成安装，80盏杀虫灯于9月23日安装完毕，朝阳区19个乡60余名监测人员连续奋战，放弃节假日休息，陪同施工人员完成上述物资安装，安装完成的同时就意味着虫情监测工作的开始。9月30日，北京市植物保护站专家来朝阳区就设备安装情况实地验收，验收结果为合格。通过在草地、农田和果园等地方设置性诱捕器和杀虫灯，诱杀已迁入的草地贪夜蛾成虫，有效地控制了草地贪夜蛾的发生蔓延，这些设备在朝阳区草地贪夜蛾的监测防控中发挥着举足轻重的作用，为朝阳区全面完成草地贪夜蛾的防控工作实现两个确保奠定了基础。

七、建立信息报告制度

朝阳区植物保护检疫站指定专人负责数据上报工作，及时组织技术人员开展监测普查，一旦发现虫情或疑似虫情立即报告北京市植物保护站测报科。目前朝阳区26个监测点监测草地贪夜蛾，在草地、农田和果园等地方设置性诱捕器和杀虫灯，监测地点包括农业园区、郊野公园和绿地等区域。每天上午10：00前将监测数据向朝阳区植物保护检疫站报告，实行零报告制度，朝阳区植物保护检疫站接到报告后及时核实信息，发现疑似虫情的及时上报北京市植物保护站核实鉴定，确定为草地贪夜蛾后，逐级上报，并做好相关记录。

八、强化保障、宣传引导

朝阳区植物保护检疫站组织防控专家开展巡回指导和技术培训。各乡加强了技术培训，发挥农业科技员作用，每个乡有一批技术骨干，每个村有技术明白人，组织专业技术人员进村入户到田，包乡、包村、包片负责，开展监测调查，指导科学防控。加强舆情引导和监控，正确引导舆论，消除社会恐慌。充分运用电视、微信和网络等媒体，及时宣传防控经验和做法。组织专家开展科普讲座，编印识别挂图和防治手册，了解害虫的发生为害习性和防治基本知识，增强群众可防可控信心。10月中旬，草地贪夜蛾防控工作后期，朝阳有线电视台记者实地采访朝阳区北京都市农汇农业科技发展有限公司草地贪夜蛾防控工作，朝阳区植物保护检疫站黄志坚副站长做了科学系统的汇报，既宣传了草地贪夜蛾防控知识又使广大市民了解了区植保站的工作性质，提高了朝阳区植物保护检疫站的知名度。

九、草地贪夜蛾的发生与防控

9月16日，朝阳区崔各庄乡公共事务服务中心植物疫情监测人员在北京中农国信科技有限公司和圣雅圣露国际酒庄（北京）有限公司的玉米地，各监测到2头共计4头疑似草地贪夜蛾成虫，并在第一时间将其送到朝阳区植物保护检疫站，朝阳区植物保护检疫站立即邀请北京市植物保护站测报科鉴定，经全国农技推广中心专家确认为草地贪夜蛾成虫。北京市植物保护站与朝阳区植物保护检疫站技术人员对上述2个园区种植的玉米田块约10亩，开展田间为害情况调查，未发现卵、幼虫及为害症状。朝阳区植保站密切监测草地贪夜蛾的发生、发展动态，并制定了相应的防控措施。9月17日，崔各庄乡的圣雅圣露园区诱到1头成虫，9月23日，王四营古塔公园诱到1头成虫，9月29日，金盏乡金天茂园区诱到1头成虫，截至10月30日，朝阳区在4个地点共监测到7头草地贪夜蛾成虫。

十、实施全覆盖监测防治

利用北京市植物保护站配发的238套性诱捕器和80盏太阳能杀虫灯，合理设置安装，各乡服务中心指定专人负责日常监测、数据上报，实施日报告制度，在摸清玉米种植面积和田块的基础上，组织监测人员做好玉米田块的排查，及时监测草地贪夜蛾卵、幼虫及为害症状。每天上午10：00前上报朝阳区植物保护检疫站，朝阳区植物保护检疫站按照规定上报北京市植物保护站。截至10月30日，朝阳区植物保护检疫站监测人员下乡10次，普查玉米500亩次，投入防控资金1.5万元，督促朝阳区的玉米种植区域和发现草地贪夜蛾成虫的园区及郊野公园等地方全部利用化学农药防治草地贪夜蛾，防治面积近3 000亩，有效地控制了草地贪夜蛾在朝阳区的发生与为害。

十一、做好草地贪夜蛾应急处置准备

各乡按照属地管理原则，各园区零星发生时，在朝阳区植物保护检疫站技术人员指导下进行防治；一旦朝阳区大面积发生蔓延，将启用植保专业化防治组织进行统防统治。朝阳区植物保护检疫站测报技术人员经常下沉到一线，强化监测技术保障，协助各蔬菜园区抓好防控，确保朝阳区不大面积为害成灾，保障对国庆活动不造成重大社会影响。通过筛查，监测人员在田间未发现草地贪夜蛾卵、幼虫及为害症状。

综上所述，朝阳区植物保护检疫站工作人员政治站位高，大局意识强，充分认识到草地贪夜蛾监测防控工作的重要性和紧迫性，以高度的责任感、强烈的紧迫感，攻坚克难，敢于担当，完成了草地贪夜蛾应急保障任务，确保了朝阳区秋粮生产安全，未造成重大社会影响，圆满完成了草地贪夜蛾监测防控任务。

朝阳区植物保护检疫站

2019年11月25日

2019年丰台区草地贪夜蛾监测防控工作总结

草地贪夜蛾是今年我国新发的一种严重为害玉米等农作物的重大迁飞性害虫。2019年1月，首次由我国西南地区入侵，并快速向北扩散，其发展速度之快，波及范围之广实属罕见。面对严峻形势，丰台区植保植检站高度重视，快速反应，迅速行动，严格按照北京市植物保护站草地贪夜蛾防控有关会议和文件精神，全面进入战时状态，扎实开展草地贪夜蛾防控工作，加强虫情监测，落实三道防线构建，圆满完成了"三力争，两确保"工作目标。现将工作开展情况总结如下。

一、高度重视，部署工作

丰台区农业农村局高度重视草地贪夜蛾监测与防控工作，积极组织区防控成员单位参加北京市草地贪夜蛾防控工作视频会议，会后对草地贪夜蛾监测防控工作进行强调、部署。结合丰台区实际，丰台区农业农村局于7月9日制定并下发《丰台区草地贪夜蛾监测与防控工作方案》，成立了由副局长任组长的监测与防控队伍，负责制定方案，督导落实各项措施，应急处置突发虫情，做到科学防控。

二、全面动员，加强宣传培训

积极参加北京市植物保护站组织的草地贪夜蛾培训工作。丰台区植保植检站技术人员于8月底和9月初分别赴河北省永年及北京市昌平区学习草地贪夜蛾监测防控技术，提高专业技术能力，为草地贪夜蛾的监测防控提供技术保障。

结合丰台区玉米种植情况，对玉米种植大户和生产园区技术员进行草地贪夜蛾识别与防控知识宣传培训，强调监测防控工作的重要性，做到会查、会认，提高防控意识。截至10月28日，累计培训100余人次，发放《草地贪夜蛾识别与防控》《草地贪夜蛾防控技术挂图》等宣传材料共300余份。

三、科学布控，准确监测

（一）科学布控监测点

丰台区设立19个监测防控点，安装40台太阳能杀虫灯，485套性诱捕器。8月底，丰台区植保植检站召开草地贪夜蛾防控工作部署会，讨论并通过了太阳能杀虫灯及性诱捕器的布控方案，下发《关于草地贪夜蛾等重大迁飞性害虫防控工作的通知》。根据丰台区实际情况，以行政村和生产园区为单位，丰台区共设置19个监测防控点。每个监测防控点设置1~3台太阳能杀虫灯，10~40套性诱捕器。

（二）监测点设备安装

9月11日，草地贪夜蛾性诱器全部安装到位，9月22日，太阳能杀虫灯全部安装到位。要求各监测点严格按照《丰台区草地贪夜蛾监测与防控工作方案》安排工作，明确专人负责杀虫灯和性诱捕器的维护管理，确保设备正常运行，不损毁，不丢失。

（三）及时上报虫情信息

监测防控点负责人每天调查性诱捕器诱捕成虫情况和幼虫普查情况，并将调查数据及时准确上报丰台区植保植检站相关人员，为科学防治提供依据。

四、落实物资保障

为切实做好防控工作，确保重大活动不受影响，坚决遏制草地贪夜蛾、草地螟等在丰台区发生、蔓延与为害，丰台区植保植检站参照北京市植物保护站推荐的草地贪夜蛾应急防治用药名单，于7月底提前做好防治药剂应急储备工作，共购买高氯甲维盐、高效氯氟氰菊酯和溴氰菊酯3种应急药剂共68千克。9月中旬，将北京市植物保护站配发的苏云金杆菌、氯虫苯甲酰胺、甲维·虫螨脲和高效氯氟氰菊酯共计10千克应急防控药品及时分发到丰台区重点农业园区。

五、监测防控结果及原因分析

（一）成虫发生情况

通过布控工作的稳步推进，丰台区于9月17日，首次在北京市农作物品种试验展示基地发现草地贪夜蛾疑似成虫5头，并按照相关程序报请北京市植物保护站测报科确认。丰台区是继昌平区、延庆区、朝阳区之后第四个发现草地贪夜蛾成虫的区。之后，各监测点加大监测力度，截至10月26日，丰台区仅在北京市农作物品种试验展示基地诱捕到草地贪夜蛾，累计诱集成虫24头。

（二）田间普查情况

丰台区玉米种植面积约700亩，多为籽粒玉米。北京市首次发现草地贪夜蛾成虫时，丰台区80%以上的玉米已经收割完毕，田间玉米也基本进入成熟期，丰台区植保植检站技术人员进行一周两次的田间调查，累计出动技术人员236人次，开展田间普查2 000余亩次，未发现草地贪夜蛾卵、幼虫及为害症状。

（三）监测结果分析

经丰台区植保植检站技术人员分析研判，丰台区草地贪夜蛾成虫发生数量呈前多后少趋势，量不大且较为集中，原因有以下几种：一是地理位置较为特殊，该监测点地势较开阔，四周无高大建筑且处于风口位置；二是性诱设备密度较高，该监测点为丰台区重点农业园区，性诱设备安装数量大，密度较高；三是环境条件适宜，该性诱监测点为一片已收获的玉米种植区，玉米收获后有大量籽粒落入土中形成自生苗，环境条件利于草地贪夜蛾虫情的发生。

丰台区植保植检站

2019年11月28日

2019年门头沟区草地贪夜蛾监测防控工作总结

门头沟区高度重视草地贪夜蛾防控工作，按照北京市农业农村局有关草地贪夜蛾防控工作指示的精神，及时进行了工作部署，要求门头沟区各镇全面贯彻落实上级指示精神和要求，坚决打赢"草地贪夜蛾防控工作"攻坚战。

一、成立组织机构，部署防控工作

结合门头沟区实际，制定《门头沟区草地贪夜蛾防控工作方案》，成立以主管局长为组长的防控工作领导小组，组建以植保技术人员为主的监测防控工作技术指导组，为门头沟区防控工作提供技术支撑。7月8日，门头沟区农业农村局召开了各乡镇主管领导参加的草地贪夜蛾防控工作部署会，传达中央领导同志关于抓好草地贪夜蛾防控工作的重要指示、批示精神，对门头沟区草地贪夜蛾防控工作进行了部署。按照属地责任进行落实，要求各镇及时宣传培训草地贪夜蛾监测防治知识，让技术人员及广大群众充分了解掌握害虫识别及科学防控方法。启动虫情日报告制度，及时掌握发生动态，采取专业测报与群众测报相结合的方式，密切监测草地贪夜蛾迁入和发生情况，发现疑似虫情立即上报。

二、加强宣传培训，开展监测防控

7月8日，对各镇主管领导、农技人员及部分全科农技员进行了培训，培训内容包括草地贪夜蛾的识别、监测与防控技术。从7月9日开始，各相关镇认真落实会议精神，研究制定各镇草地贪夜蛾监测与防控实施方案，组织开展草地贪夜蛾监测与防控技术培训，积极开展宣传和普查工作，启动虫情日报制度。监测防控工作技术指导组成员不定期到镇、村田间地头现场开展技术指导。

截至2019年10月底，门头沟区共培训各级技术人员300人次，发放草地贪夜蛾识别与防控彩页1 900张，挂图75张。完成"三道防线"门头沟区布控任务，建立阻截杀虫带，重点阻截区共安装太阳能杀虫灯100台，新安自动虫情测报灯5台（总共9台），布控性诱捕器222套，发放储备药剂55千克。

三、草地贪夜蛾发生情况

9月30日上午，在龙泉镇琉璃渠村西铁路旁性诱监测点，诱到1头疑似草地贪夜蛾成虫。龙泉镇农综中心将情况上报到区农综中心农业推广科，经北京市植物保护站专家辨认，确认为草地贪夜蛾成虫。目前门头沟区共发现1头草地贪夜蛾成虫，田间尚未发现草地贪夜蛾卵、幼虫及为害症状。未发现草地螟、蝗虫和黏虫等重大迁飞性害虫明显迁入。

下一步将开展田间幼虫及为害状调查，及时掌握发生动态，采取专业测报与群众测报相结合的方式，密切监测门头沟区草地贪夜蛾等重大迁飞性害虫的迁入和发生情况。如大面积发生，门头沟区将及时采取防治措施，坚决遏制草地贪夜蛾等重大迁飞性害虫的蔓延和为害。

门头沟区农业综合服务中心

2019年11月22日

附　录

工作部署及重要通知文件

全国农业技术推广服务中心

农技植保函〔2019〕3 号

全国农技中心关于做好草地贪夜蛾
侵入危害防范工作的通知

各省、自治区、直辖市植保（植检）站（局、中心）：

草地贪夜蛾又称秋黏虫，广泛分布于美洲大陆，具有适生区域广、迁飞能力强、繁殖倍数高、暴食危害重、防控难度大的特点，是重要的农业害虫。鉴于该虫近两年在非洲、亚洲呈快速蔓延态势，联合国粮农组织于 2018 年 8 月做出全球预警。目前，继印度 6 个邦发生后，又在孟加拉国、斯里兰卡、缅甸发现危害，侵入我国的风险日益增大。为做好草地贪夜蛾侵入危害防范工作，保护我国农业生产安全，现将有关工作通知如下。

一、高度重视，充分认识防范工作重要性

草地贪夜蛾为迁飞性害虫，每晚可飞行数百公里[①]。报道显示该虫在 30 小时内可从美国的密西西比州迁飞到加拿大南部，距离长达 1600 公里。专家分析，非洲各国及东南亚地区主要是靠其较强的迁飞能力蔓延的。成虫可直接由缅甸迁飞到我国云南等地，且华南、西南和江南大部地区为其适生区，可在这些省（区）周年繁殖，并随季风向北迁飞到黄淮海夏玉米区和北方春玉米

---

① 1公里=1千米，全书同。

区。我国与草地贪夜蛾发生国家有大量的人员交流和货物往来，草地贪夜蛾有可能随贸易传入我国。草地贪夜蛾可取食玉米、水稻、小麦等80余种植物，一旦传入定殖，将严重威胁我国农业生产。因此，各地要充分认识草地贪夜蛾侵入危害的严重性，着眼保障国家粮食安全和促进农民持续增收，将防范工作列入植保工作重要议事日程，及早安排部署，强化属地责任，确保责任到位、措施到位。

二、强化监测，确保履职守责到位

我中心已组织中国农科院植保所等单位的专家，收集整理了草地贪夜蛾形态特征等相关材料（见附件），各地应及时组织技术人员学习掌握。我国云南、广东、广西、海南等邻近侵入国边境的省（区），与美洲、非洲发生为害国贸易频繁的其他省（区、市）的近港口地区是草地贪夜蛾传入高风险区，应设立重点监测点。各监测点应设置高空测报灯和黑光灯，全年开展灯诱成虫系统监测。云南、广东、广西、海南四省（区）可在玉米、水稻、烟草、番茄、马铃薯等寄主作物生长季开展性诱监测，我中心近期将联合研制、下发一批性诱监测设备，支持各重点省（区）启动监测工作，相关监测点要指定专人负责。同时，各地要充分发动群众，开展群测工作，努力做到早发现、早报告、早预警。

三、突出重点，全面落实各项防控措施

各地要结合实际，制定切实可行的预防控制和应急防控预案，坚决遏制草地贪夜蛾在我国定殖和蔓延危害。国外防控草地贪夜蛾实践证明，化学防治是目前多种作物上应急控制的最有效

方法。多杀菌素、氟氯氰菊酯、顺式氯氰菊酯、氟虫双酰胺、氯虫苯甲酰胺、溴氰虫酰胺等杀虫剂都有较好防治效果，生物药剂可选用白僵菌、Bt、核型多角体病毒等。在防控时间上，可结合虫情监测和田间普查，抓住低龄幼虫防治关键时期，选择在清晨或黄昏施药。要充分发挥专业化防治组织的作用，治早、治小、治了。

四、加强指导，建立应急报告制度

我中心将联合科研单位和主要发生风险区的专家成立技术指导组，及时开展草地贪夜蛾入侵风险评估、监测防控技术研究，密切跟踪其在世界各地的发生蔓延趋势，及时进行虫情会商，提出有效防控建议。近期还将组织有关单位专家赴重点省（区），进行现场调查和技术指导。各地应加强组织领导，建立报告制度，及时组织技术人员开展大田普查，一旦发现虫情或疑似虫情应立即报告我中心。

附件：草地贪夜蛾形态特征和生物学习性

全国农技中心
2019年1月3日

附件

草地贪夜蛾形态特征和生物学习性

草地贪夜蛾 *Spodoptera frugiperda* (Smith)，也称秋黏虫，属于鳞翅目 Lepidoptera，夜蛾科 Noctuidae。原产于美洲热带和亚热带地区，广泛分布于美洲大陆，是当地重要的农业害虫。随着国际贸易活动的日趋频繁，草地贪夜蛾现已入侵到撒哈拉以南的 44 个非洲国家以及亚洲的印度、孟加拉国、斯里兰卡、缅甸相继发现危害，有进一步向以东南亚、大洋洲和中国南部为主的亚洲其他地区入侵蔓延的态势。

一、为害状

幼虫取食叶片可造成落叶，其后转移为害。有时大量幼虫以切根方式为害，切断种苗和幼小植株的茎；幼虫可钻入孕穗植物的穗中，可取食番茄等植物花蕾和生长点，并钻入果实中。种群数量大时，幼虫如行军状，成群扩散。在玉米上，1~3 龄幼虫通常在夜间出来为害，多隐藏在叶片背面取食，取食后形成半透明薄膜"窗孔"。低龄幼虫还会吐丝，借助风扩散转移到周边的植株上继续为害。4~6 龄幼虫对玉米的为害更为严重，取食叶片后形成不规则的长形孔洞，也可将整株玉米的叶片取食光，严重时可造成玉米生长点死亡，影响叶片和果穗的正常发育。此外，高龄幼虫还会蛀食玉米雄穗和果穗。

玉米为害状

二、形态特征

成虫：翅展32～40毫米。前翅灰色至深棕色，雌虫灰色至灰棕色；雄虫前翅深棕色，具黑斑和浅色暗纹，翅痣呈明显的灰色尾状突起。后翅灰白色，翅脉棕色并透明。雄虫外生殖器抱握瓣正方形。抱器末端的抱器缘刻缺。雌虫交配囊无交配片。

草地贪夜蛾成虫（左为雌蛾，中、右为雄蛾）

雄蛾

草地贪夜蛾成虫

卵：卵呈圆顶形，直径0.4毫米，高为0.3毫米，通常100～200粒卵堆积成块状，卵上有鳞毛覆盖，初产时为浅绿或白色，孵化前渐变为棕色。

草地贪夜蛾卵块和初孵幼虫

幼虫：6个龄期，偶为5个。初孵时全身绿色，具黑线和斑点。生长时，仍保持绿色或成为浅黄色，并具黑色背中线和气门线。老熟幼虫体长35～50毫米，在头部具黄白色倒"Y"形斑，黑色背毛片着生原生刚毛（每节背中线两侧有两根刚毛）。腹部末节有呈正方形排列的4个黑斑。如密集时（种群密度大，食物短缺时），末龄幼虫在迁移期几乎为黑色。幼虫共6龄，体色和体长随龄期而变化，低龄幼虫体色呈绿色或黄色，体长6～9毫米，头呈黑或橙色。高龄幼虫多呈棕色，也有呈黑色或绿色的个体存在，体长30～50毫米，头部呈黑色、棕色或者橙色，具白色或黄色倒"Y"形斑。幼虫体表有许多纵行条纹，背中线黄色，背中线两侧各有一条黄色纵条纹，条纹外侧依次是黑色、黄色纵条纹。草地贪夜蛾幼虫最明显的特征是其腹部末节有呈正方形排列的4个黑斑，头部呈明显的倒"Y"形纹。

草地贪夜蛾幼虫

（圆圈分别表示头部倒"Y"形黄色纵条纹、正方形排列的4个黑斑）

蛹：蛹呈椭圆形，红棕色，长14～18毫米，宽4.5毫米。老熟幼虫落到地上借用浅层（通常深度为2～8厘米）的土壤做一个蛹室，土沙粒包裹的蛹茧在其中化蛹。亦可在为害寄主植物如玉米穗上化蛹。

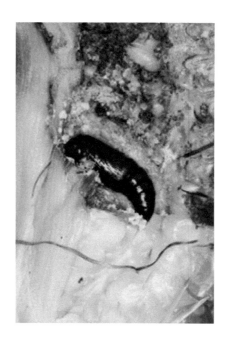

草地贪夜蛾蛹、蛹室和茧

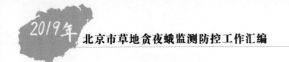
三、生物学习性

寄主广泛性。 草地贪夜蛾为多食性，可为害80余种植物，嗜好禾本科，最易为害玉米、水稻、小麦、大麦、高粱、粟、甘蔗、黑麦草和苏丹草等杂草；也为害十字花科、葫芦科、锦葵科、豆科、茄科、菊科的棉花、花生、苜蓿、甜菜、洋葱、大豆、菜豆、马铃薯、甘薯、苜蓿、荞麦、燕麦、烟草、番茄、辣椒、洋葱等常见作物，以及菊花、康乃馨、天竺葵等多种观赏植物（属），甚至对苹果、橙子等造成危害。

为害严重性。 草地贪夜蛾以危害玉米最为严重。据统计，在美国佛罗里达州，草地贪夜蛾为害可造成玉米减产20%。在一些经济条件落后的地区，其为害造成的玉米产量损失更为严重，比如在中美洲的洪都拉斯，其为害可造成玉米减产40%，在南美的阿根廷和巴西，其为害可分别造成72%和34%的产量损失。2017年9月，国际农业和生物科学中心报道，仅在已被入侵的非洲12个玉米种植国家中，草地贪夜蛾为害可造成玉米年减产830万～2 060万吨，经济损失高达24.8亿～61.9亿美元。

生态多型性。 草地贪夜蛾分为玉米品系和水稻品系两种单倍型，前者主要取食为害玉米、棉花和高粱，后者主要取食为害水稻和各种牧草。这两种单倍型外部形态基本一致，但在性信息素成分、交配行为以及寄主植物范围等方面具有明显差异。草地贪夜蛾完成一个世代要经历卵、幼虫、蛹和成虫4个虫态，其世代长短与所处的环境温度及寄主植物有关。

适生广泛性。 草地贪夜蛾的适宜发育温度为11～30℃，在28℃条件下，30天左右即可完成一个世代，而在低温条件下，需要60～90天。由于没有滞育现象，在美国，草地贪夜蛾只能在气候温和的和得克萨斯州越冬存活，而在气候、寄主条件适合的中、南美洲以及新入侵的非洲大部分地区，可周年繁殖。

迁飞扩散性。 草地贪夜蛾成虫可在几百米的高空中借助风力进行远距离定向迁飞，每晚可飞行100千米。成虫通常在产卵前可迁飞100千米，如果风向风速适宜，迁飞距离会更长，有报道称草地贪夜蛾成虫在30小时内可以从美国的密西西比州迁飞到加拿大南部，长达1 600千米。

其他生物习性。 成虫具有趋光性，一般在夜间进行迁飞、交配和产卵，卵块通常产在叶片背面。成虫寿命可达2～3周，在这段时间内，雌成虫可以多次交配产卵，一生可产卵900～1 000粒。在适合温度下，卵在2～4天即可孵化成幼虫。幼虫有6个龄期，高龄幼虫具有自相残杀的习性。

农业农村部文件

农农发〔2019〕3号

农业农村部关于印发《全国草地贪夜蛾防控方案》的通知

各省、自治区、直辖市及计划单列市农业农村(农牧)厅(委、局)，新疆生产建设兵团农业农村局，黑龙江省农垦总局：

为全力抓好草地贪夜蛾防控工作，严防虫害暴发成灾，避免对粮食和农业生产造成不利影响，我部根据《中华人民共和国农业法》《国家突发公共事件总体应急预案》等法律法规规定和国务院要求，组织制定了《全国草地贪夜蛾防控方案》。现印发你们，请遵照执行。

农业农村部

2019 年 6 月 21 日

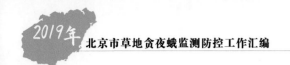

全国草地贪夜蛾防控方案

今年1月，草地贪夜蛾从东南亚首次迁飞入侵我国云南，快速向江南、江淮地区扩散蔓延，并进一步向北方地区扩散，对我国粮食及农业生产构成严重威胁。为有效防控草地贪夜蛾暴发危害，保障粮食及农业生产安全，根据《中华人民共和国农业法》《国家突发公共事件总体应急预案》等有关规定，制定本方案。

一、总体要求

贯彻落实习近平总书记重要指示和李克强总理等中央领导同志批示精神，按照国务院常务会部署要求，提高政治站位，迅速把思想和行动统一到党中央、国务院决策部署上来，进一步落实粮食安全省长责任制，建立部门指导、省负总责、县抓落实的防控机制，坚持统防统治、群防群治、联防联控、全面监测、全力扑杀，标本兼治、务求实效，坚决遏制草地贪夜蛾暴发成灾，赢得全年粮食和农业丰收主动权。

二、防控目标任务

按照严密监测、全面扑杀、分区施策、防治结合的要求，对害虫适生区特别是玉米主产区，全面准确监测预警，及时有效防控处置，确保草地贪夜蛾不大规模迁飞危害，确保玉米不大面积连片成灾，最大限度减轻灾害损失。根据目前掌握的草地贪夜蛾发生规律和危害特点，划分三大区域落实防控任务。

（一）**周年繁殖区**。位于海南、广东、广西、云南、福建、四川、贵州、西藏等省（区）的热带和南亚热带气候分布区。重点控制当地危害损失，减少迁出虫源数量，实施周年监测发生动态，全力扑杀境外迁入虫源，遏制当地孳生繁殖，减轻迁飞过渡区防控压力。

（二）**迁飞过渡区**。位于福建、湖南、江西、湖北、江苏、安徽、浙江、上海、重庆、四川、贵州、陕西等省（区、市）的中亚热带和北亚热带气候分布区。重点减轻当地危害、压低过境虫源繁殖基数，4—10月份全面监测害虫发生动态，诱杀成虫，扑杀幼虫，遏制迁出虫口数量，减轻北方玉米主产区防控压力。

（三）**重点防范区**。位于河南、山东、河北、山西、天津、北京、内蒙古、辽宁、吉林、黑龙江、安徽、陕西、甘肃、宁夏、新疆、青海等省（区、市）的温带气候区。重点保护玉米生产，降低危害损失率，5—9月份全面监测虫情发生动态，诱杀迁入成虫，主攻低龄幼虫防治，将危害损失控制在最低限度。

三、监测与防控措施

（一）监测预警

按照早发现、早报告、早预警的要求，组织植保专业技术人员鉴定确认草地贪夜蛾虫情，按照统一标准和方法开展联合监测，全面掌握草地贪夜蛾发生发展动态，及时发布预报预警。

1. 虫情确认与报告。任何单位和个人一旦发现疑似草地贪夜蛾，应当及时向当地农业农村主管部门或所属植保植检机构报告。县级以上植保机构接到报告后，应当及时调查核实或送检，并做好记录备查。对首次发生的县或省份，应当报省级及以上植保植检机构组织专家确认。虫情确定后，应当及时上报，同时报送本级农业行政主管部门，并纳入重大病虫监测内容。

2. 虫情调查监测。重点在西南华南边境地区、迁飞扩散通道，以及玉米、甘蔗、高粱等易害作物种植区域，增设测报网点，加密布设监测工具，每日诱集调查草地贪夜蛾成虫数量，观测雌蛾卵巢发育进度，系统掌握成虫发生动态。在玉米等作物生长期，定点定人，开展田间系统观测，重点调查产卵量、幼虫密度、发育龄期、被害株率。根据系统观测结果，及时开展大田普查，确定防治区域及时间。同时密切关注该虫在其他植物上的发生为害情况。

3. 虫情预测预报。根据虫情监测结果，结合气候、作物生长等因素综合分析，及时预报成虫盛发期、产卵盛期、3龄以下幼虫发生盛期及发生程度，提出最佳防治时期和防治区域，通过病虫情报、电视、广播、网络等渠道发布。发生程度重、面积大的要及时发出预警，并向毗邻地区农业农村部门和植保机构通报。

（二）防治处置

按照"治早治小、全力扑杀"的要求，以保幼苗、保心叶、保产量为目标，因地制宜采取以下综合防治措施。

1. **诱杀成虫。** 在成虫发生高峰期，集中连片使用灯诱、性诱、食诱和迷向等措施，诱杀迁入成虫、干扰交配繁殖、减少产卵数量，压低发生基数，控制迁出虫量。

2. **扑杀幼虫。** 抓住草地贪夜蛾1～3龄的最佳用药窗口期，选择在清晨或傍晚，对作物主要被害部位施药。高密度发生区采取高效化学药剂兼治虫卵，快速扑杀幼虫；低密度发生区采取生物制剂和天敌控害。连片发生区，组织社会化服务组织实施统防统治和群防群控；分散或点状发生区，组织农民实施带药侦查、点杀点治。

3. **虫源地治理。** 对草地贪夜蛾周年繁殖的虫源地，因地制宜采取间作套种、轮作改种、调整播期等农业措施，种植驱避诱集植物，改造害虫适生环境，保护利用自然天敌和生物多样性，增强自然控制能力，逐步实现草地贪夜蛾可持续治理。

4. **科学用药。** 各地农业农村部门根据草地贪夜蛾防治需要，按照农业农村部推荐用药目录，结合实际指导农民科学选药、轮换用药、交替用药，延缓抗药性产生。开展抗药性监测，及时更换抗性高、防效差的药剂。严格按照农药安全使用间隔期，既要有效控制草地贪夜蛾危害，更要确保农产品质量安全。

（三）体系建设

按照落实好草地贪夜蛾监测预警、防控指导和应急处置等工作的要求，建立健全四个体系。

1. 完善监测预警体系。按照全面监测、准确预报的要求，完善国家、省、市、县四级病虫监测网络体系。各地要增设虫情测报网点，配备监测工具、信息传输设备和虫情调查交通工具。根据虫情调查工作需要，配齐配足植保专业人员，确保虫情调查全面开展，摸清发生动态，为预测预报提供基础数据。

2. 完善应急防治体系。按照提升草地贪夜蛾应急防控能力的要求，完善国家、省、市、县四级防控指挥调度机制。在西南华南边境地区、江南江淮重点迁飞通道和北方重点防范区，组建培育应急防治服务组织，配备高效施药器械和安全防护用品。抓住关键防治时期大力开展专业化统防统治和群防群治。对发生毗邻地区，强化区域协作联防，提高整体防控效果。

3. 完善技术支撑体系。组建国家级和省级草地贪夜蛾监测防控专家指导组。对草地贪夜蛾发生规律、迁飞路径、监测防治技术开展联合攻关研究。关键时期深入一线，开展巡回指导和技术培训。确保发生草地贪夜蛾的每个省（区、市）有一批指导专家，每个县（市、区）有一批技术骨干，每个村、每个专业防治组织有一名技术明白人。

4. 完善物资保障体系。 各级农业农村部门要根据草地贪夜蛾防控的实际需要，指导农药、药械生产经营企业做好对路农药和器械的生产储备，确保市场供应充足、价格稳定。加大农药市场监督抽查力度，坚决打击假冒伪劣农药坑农害农，确保农民用上放心药。要多渠道争取财政资金支持，落实草地贪夜蛾防控补助政策措施，根据应急防控工作需要，创新方式、简化手续，及时采购物资、购买服务，确保监测防控措施落实到位。

四、工作要求

防治草地贪夜蛾是一项系统性的防灾减灾工作，技术要求高、涉及面广，时间紧、任务重，必须采取上下联动、多部门协作配合。为确保各项防控措施落实落地，需要切实强化以下工作力度。

（一）强化指挥协调。 农业农村部成立草地贪夜蛾防控指挥部，由部领导任指挥长，统一指挥调度全国防控工作，组织研究提出防控措施，督导各地落实防控任务和要求。指挥部办公室设在种植业管理司，承担日常工作。各地要相应成立防控指挥协调机构，统筹协调和督促落实辖区内防控工作。

（二）强化属地责任。 根据相关法律法规和国务院要求，应对外来突发重大生物灾害，建立"分级负责、属地管理"的应急防控机制，将草地贪夜蛾防控纳入粮食安全省长负责制考核内容，省级人民政府对本辖区防控工作负总责，省级政府建立健全分管领导牵头负责的组织领导机制和部门协调的投入保障机制，抓好目标确定、组织动员、统筹资源、监测防治、督导检查等工作。县级政府承担防控主体责任，统筹协调当地人力物力，强化植保队伍建设，组织动员各乡镇和社会力量做好防控工作。

（三）强化联防协作。应对跨区域、迁飞性害虫，必须构建上下联动、部门协作、区域联防的联防联控机制。农业系统内部，上下协调行动，加强信息互联互通，及时通报虫情，实现信息共享。部门之间，密切协作，统筹协调防控设施建设、资金安排和人员调配。毗邻地区，开展联合监测、联防联控，防止漏查漏治。推进国际交流与合作，与草地贪夜蛾发生的周边国家开展信息交换、技术交流和防控协作。

（四）强化信息调度。各级植保植检机构和监测站点明确专人负责，按照信息报送制度，通过全国农作物重大病虫害监测平台及时准确填报虫情，确保信息畅通、实时共享。首次发现当日报告，在查见并核实后立即填报，重点填报发现时间、虫龄虫态、发生面积和被害作物等。发生防治信息一周两报，每周一、周四中午前完成填报，填报新增发生、防治面积，以及培训人员、资金投入等，并实时报送防治进展，通报重大活动及存在问题。

（五）强化督导检查。各级农业农村部门要强化草地贪夜蛾防控工作的督查指导，适时组派有专家参加的督导检查组，赴各地督促检查监测防控措施落实和救灾资金到位等情况，评估防治效果，总结防治经验，分析存在的问题。对监测防控措施不到位、工作不力，造成严重损失的，严肃追责问责。

（六）**强化宣传普及**。组织电视、广播、报刊、网络等媒体，客观报道发生危害情况，及时宣传各地草地贪夜蛾防控经验和做法。组织专家开展科普讲座，编印识别挂图和防治手册，下发到发生区域乡村和农药经营门店，让基层干部群众了解害虫的发生危害习性、防治基本知识，增强可防可控信心。正确引导舆论，消除社会恐慌。

附件：1.草地贪夜蛾测报调查规范（试行）
　　　2.草地贪夜蛾防治技术要求
　　　3.草地贪夜蛾应急防治用药推荐名单

附件1

草地贪夜蛾测报调查规范（试行）

1. 范围

本规范适用于草地贪夜蛾成虫诱测，雌蛾卵巢解剖，卵、幼虫、蛹和田间作物受害情况调查，以及发生期和发生为害预测。

2. 成虫诱测

利用灯具和性诱剂在适宜草地贪夜蛾成虫发生场所进行诱测。

2.1 高空测报灯

高空测报灯为1000W金属卤化物灯，能够实现控温杀虫、烘干、雨天不断电、按时段自动开关灯等一体化功能，诱到活虫后处理灭杀、翅膀鳞片完整，翅征易于辨别。高空测报灯可设在楼顶、高台等相对开阔处，或安装在病虫观测场内，要求其周边无高大建筑物遮挡和强光源干扰。在观测期内逐日记载诱集的雌蛾、雄蛾数量，结果记入表1。单日诱虫量出现突增至突减之间的日期，记为发生高峰期（或称盛发期）。长江以南地区全年开灯监测，长江以北地区4—10月开灯监测。

2.2 测报灯

选用黑光灯为光源的测报灯进行常规监测。在玉米等主要寄主作物田,设置 1 台测报灯,灯管与地面距离为 1.5 米。安置地点要求周围 100 米范围内无高大建筑遮挡、且远离大功率照明光源,避免环境因素降低灯具诱蛾效果。灯管每年更换一次。在观测期内逐日记载诱集的雌蛾、雄蛾数量,结果记入表 1。长江以南地区全年开灯监测,长江以北地区 4—10 月开灯监测。

表 1 草地贪夜蛾成虫灯诱记载表

日期（月/日）	作物种类和生育期	高空测报灯			测报灯			备注天气要素
		雌蛾（头）	雄蛾（头）	合计（头）	雌蛾（头）	雄蛾（头）	合计（头）	

2.3 性诱剂

在玉米等寄主作物生长期开展监测。设置罐式、桶形或新型干式诱捕器,诱芯置于诱捕器内,诱芯每隔 30 天更换一次。每块田放置 3 个诱捕器。苗期玉米等低矮作物田,3 个诱捕器呈正三角形放置,相距至少 50 米,每个诱捕器与田边距离不少于 5 米,诱捕器距地面 1 米左右或高于植株冠层 20 厘米。成株期玉米等高秆作物田,最好选田埂走向与当地季风风向垂直的田块,诱捕器放置于田边方便操作的田埂上,与田边相距 1 米左右,诱捕器呈直线排列、间距至少 50 米。每天上午检查记载诱到的蛾量,结果记入表 2。

表2 草地贪夜蛾成虫性诱记载表

日期	作物种类和生育期	诱捕器1 数量（头）	诱捕器2 数量（头）	诱捕器3 数量（头）	平均诱虫（头/台）	备注天气要素

2.4 雌蛾卵巢解剖

在成虫盛发期，从高空测报灯和测报灯分别取雌蛾20头，解剖检查卵巢发育级别和交配情况，结果记入表3。如果卵巢发育级别较低（1～2级），说明此批种群有迁飞外地的可能，需继续监测；如级别较高（3级以上），成虫将宿留在当地繁殖后代，应由此作出当代幼虫发生为害的预报。

表3 草地贪夜蛾雌蛾卵巢发育情况记载表

日期	雌蛾来源	检查虫数	雌蛾卵巢发育级别 1级	2级	3级	4级	5级 头	交配率(%)	备注天气要素

3. 田间调查

3.1 卵调查

当灯具或性诱诱到一定数量的成虫（始盛期）、雌蛾卵巢发育级别较高时，开始田间查卵，3天调查1次，成虫盛末期结束。采用五点取样，玉米抽雄前采用"W"形取样，抽雄后"梯子"形取样（图 1），每点取 10 株，每点间隔距离视田块大小而定。主要调查植株基部叶片正面、背面和叶基部与茎连接处的茎秆，成虫种群数量较大时，卵也会产在植株的高处或附近的其他植被上，应注意调查。记载调查株数、卵块数和每块卵粒数，结果记入表 4。

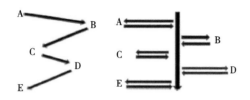

图 1　草地贪夜蛾田间取样方法

（左为"W"形，右为"梯子"形）

表 4　草地贪夜蛾查卵情况记载表

日期	作物种类和生育期	调查株数	卵块数（块）	估算单块卵粒数（粒）			产卵部位	备注
				最多	最少	平均		

3.2 受害株调查

苗期至灌浆期的玉米均可受害，也要注意观察甘蔗、高粱、谷子、花生、大豆、棉花及各种蔬菜等作物发生情况。田间受害株呈聚集分布，发现 1 株受害，其周围可见数量不等的受害株。受害部位依生育期不同而变化，应观察记载叶片、心叶、茎秆、雄穗、花丝、雌穗等部位受害情况，苗期注意调查枯心苗引起的死苗。3天调查1次，结果记入表5。

表5 草地贪夜蛾为害情况记载表

日期	作物种类	生育期	调查株数	被害株数	被害部位	死苗株数	被害株率	死苗株率	雌穗被害率

3.3 幼虫和天敌调查

与受害株调查同时进行。观察为害状后，再调查叶片正反面、心叶、叶鞘、茎秆、未抽出雄穗苞、花丝、果穗等部位的幼虫数量、分辨龄期（分龄方法见表6），同时注意观察天敌发生情况，结果记入表7。

表6 草地贪夜蛾1~6龄幼虫平均头宽和体长

龄期	1	2	3	4	5	6
头宽（mm）	0.35	0.45	0.75	1.3	2.0	2.6
体长（mm）	1.7	3.5	6.4	10.0	17.2	34.2

表7 草地贪夜蛾幼虫和天敌情况记载表

日期	作物种类和生育期	调查株数	各龄幼虫数（头）						百株虫量（头）	天敌		备注
			1~2龄	3龄	4龄	5龄	6龄	合计		种类	数量	

3.4 蛹调查

当地幼虫进入老熟期 7 天后调查 1 次。田间五点取样，方法同卵和幼虫，每点查单行 1 米长。草地贪夜蛾老熟幼虫通常落到地上浅层（深度为 2～8 厘米）的土壤做一个蛹室，形成土沙粒包裹的茧，也可在为害寄主植物如玉米雌穗上化蛹。如果土壤太硬，幼虫会在土表利用枝叶碎片等物质结成丝茧，也可在为害寄主植物如玉米雌穗上化蛹，要注意调查。

4. 预测预报

4.1 发生期预测预报

依据当地调查虫态、发育历期和温度情况，估算发育进度，作出幼虫发生期预报。卵期夏季一般 2～3 天；幼虫 12～30 天，25℃条件下 13.7 天（表 8）；蛹期夏季 8～9 天，春秋季 12～14 天，冬季 20～30 天；成虫 7～21 天，平均约 10 天，多为 2～3 周。

表 8　草地贪夜蛾幼虫 25℃发育历期

龄期	1	2	3	4	5	6	合计
历期（天）	3.3	1.7	1.5	1.5	2.0	3.7	13.7

4.2 发生程度预测预报

依据当地成虫诱测和卵调查数量，结合作物生育期和种植分布情况，作出幼虫发生区域、发生面积和发生程度预报。

附件2

草地贪夜蛾防治技术要求

为规范防治行为，提高防治效果，有效控制草地贪夜蛾暴发成灾，制定防治技术要求如下。

一、防治目标

防治总体目标是，确保草地贪夜蛾不大规模迁飞危害，确保玉米不大面积连片成灾，最大限度减轻灾害损失。高密度发生区防治处置率达到100%，全力扑杀境外迁入虫源，遏制当地孳生繁殖，全力扑杀幼虫。低密度发生区防治处置率达到90%以上，综合防治效果达到85%以上。总体危害损失率控制在5%以内。

二、防治策略

按照分区施策、综合防治、标本兼治的要求，科学制定防控策略。西南华南**周年繁殖区**，采取主攻冬春虫源、遏制夏秋扩繁、全程控制基数策略，周年监测发生动态，通过化学生物生态有机结合，实现标本兼治。江南江淮**迁飞过渡区**，采取主攻春夏迁入成虫、扑杀繁殖幼虫、压低迁出虫量的策略，4—10月份全面监测发生动态，落实理化诱控、生物防治、药剂处置等综合措施，实现控虫控害。黄淮海及北方**重点防范区**，主攻夏秋季，采取预防为主、应急处置相结合的防控策略,5—9月份全面监测发生动态,全力扑杀田间幼虫,最大限度降低虫害损失。

三、防治措施

（一）监测预警

在云南、广西等西南省（区）设立重点监测点,结合高空测报灯和黑光灯监测成虫迁飞数量和动态。在华南、江南、长江中下游、黄淮海、东北地区开展灯诱、性诱监测成虫发生情况。玉米生长季开展大田普查,确保早发现、早控制。

（二）防治指标

周年繁殖区和迁飞过渡区实施化学防治指标：玉米苗期（7叶以下）至小喇叭口期（7～11叶）被害株率5%；大喇叭口期（12叶）以后10%；未达标区点杀点治。

重点防范区实施化学防治指标：玉米苗期（7叶以下）被害株率5%；玉米小喇叭期（7～11叶）被害株率10%；玉米大喇叭期（12叶）以后被害株率15%。

（三）技术措施

1.生态调控及天敌保护利用。有条件的地区可与非禾本科作物间作套种,保护农田自然环境中的寄生性和捕食性天敌。对周年繁殖虫源地,因地制宜采取间作、套作、轮作,调整播期等农业措施,种植驱避诱集植物,改造害虫适生环境,保护利用自然天敌和生物多样性,增强自然控制能力。

2.成虫期诱杀。在草地贪夜蛾发生虫源地、重要迁飞通道的成虫高峰期，集中连片布设高空杀虫灯、黑光灯等诱杀设备，阻杀迁入迁出成虫，减少田间产卵量。

3.幼虫期防治。抓住草地贪夜蛾1～3龄幼虫防治的最佳窗口期，在清晨或者傍晚，对达标防治田块实施喷药防治，药剂喷洒要突出玉米心叶、雄穗和雌穗等部位。

生物防治：在草地贪夜蛾产卵盛期至孵化初期，选择喷施白僵菌、绿僵菌、苏云金杆菌等微生物制剂，选择释放姬蜂、茧蜂、蠋蝽、小花蝽等害虫天敌。

应急防治：在重点防范区和突发区，以保护玉米为重点，统一组织、统一行动、统一时间、统一防治，动员社会化服务组织和农民群众，迅速采取应急化学防治，快速扑杀高密度幼虫，及时控制草地贪夜蛾危害。在虫情集中连片发生区，组织植保专业化服务队伍，开展统防统治和群防群治。对零星发生区，组织农民带药侦查、点杀点治。在毗邻地区，要协同防治、步调一致，开展联合监测、联防联控，防止漏查漏治，做到区域间一盘棋。

4.科学用药。草地贪夜蛾发生时间长、繁殖代数多、虫龄不整齐，特别是高龄幼虫隐蔽钻蛀危害难以防治，加强科学用药指导，注重交替用药、轮换用药，协调使用化学农药和生物农药，延缓抗药性产生，提高防治效果。同时，按照安全间隔期施药，注意保护利用天敌，有效控制草地贪夜蛾危害，同时，保护施药者安全、农产品质量安全和生态环境安全。

严格经济安全有效生态环保的原则，推进病虫害绿色防控和综合防治，及时总结阶段性的防治成果和经验，评估防治效果及挽回损失，不断提高防控草地贪夜蛾的经济效益、社会效益和生态效益。定期统计本省草地贪夜蛾防治情况和人力物力投入情况，填写表1、表2，按季度报送农业农村部。

表 1 草地贪夜蛾防治情况统计表

防治作物	发生面积	防治面积	化学防治面积	生物防治面积	理化诱控面积	生态调控面积
玉米						
甘蔗						
高粱						
……						
合计						

表 2 草地贪夜蛾防治人力物力投入情况统计表

防治地区	投入财政资金（万元）	培训技术人员（人次）	培训农民（人次）	农药用量（吨）	大中型机械投入（台套）	专业服务组织（个）	诱杀设备（台套）
……							
合计							

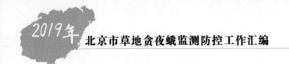

附件 3

草地贪夜蛾应急防治用药推荐名单

单剂：甲氨基阿维菌素苯甲酸盐、茚虫威、四氯虫酰胺、氯虫苯甲酰胺、高效氯氟氰菊酯、氟氯氰菊酯、甲氰菊酯、溴氰菊酯、乙酰甲胺磷、虱螨脲、虫螨腈、甘蓝夜蛾核型多角体病毒、苏云金杆菌、金龟子绿僵菌、球孢白僵菌、短稳杆菌、草地贪夜蛾性引诱剂

复配制剂：甲氨基阿维菌素苯甲酸盐·茚虫威、甲氨基阿维菌素苯甲酸盐·氟铃脲、甲氨基阿维菌素苯甲酸盐·高效氯氟氰菊酯、甲氨基阿维菌素苯甲酸盐·虫螨腈、甲氨基阿维菌素苯甲酸盐·虱螨脲、甲氨基阿维菌素苯甲酸盐·虫酰肼、氯虫苯甲酰胺·高效氯氟氰菊酯、除虫脲·高效氯氟氰菊酯

抄送：各省、自治区、直辖市及计划单列市人民政府

农业农村部办公厅　　　　　　　　2019 年 6 月 24 日印发

全国农技中心文件

农技植保〔2019〕45 号

全国农技中心关于加强草地贪夜蛾
监测预警能力建设的通知

各省、自治区、直辖市植保（植检、农技）站（局、中心），广东省农业有害生物预警防控中心：

草地贪夜蛾是联合国粮农组织全球预警的跨境迁飞性重大农业害虫，自今年 1 月传入我国以来，已快速扩散到 19 个省（区）900 多个县（市），监测防控形势严峻、任务繁重。为贯彻中央领导重要指示批示精神，落实全国草地贪夜蛾防控工作视频会议、全国草地贪夜蛾防控工作推进落实视频会议和《农业农村部关于加强草地贪夜蛾监测防控的紧急通知》（农明电〔2019〕第 24 号）、《农业农村部办公厅关于持续加强草地贪夜蛾防控工作的紧急通知》（农明电〔2019〕第 33 号），以及《财政部关于下达 2019 年农业生产和水利救灾资金预算的通知》（财农〔2019〕53 号）有关要求和考核目标，做好全面普查、系统监测和虫情报送，做到早发现、早报告和早预警，掌握防控主动权，指导适时科学防治，打赢"虫口夺粮"攻坚战，必须切实加强以增建监测网点、配齐监测设备和充实测报人员为重点的监测预警能力建设。现将有关事项和要求通知如下。

一、建设内容

（一）增建监测网点。按照财政部财农〔2019〕53 号文件要求，根据迁飞性害虫迁飞发生路径，以及周年繁殖区、迁飞过渡区和重点防范区的发生特点，合理布局，增加监测网点，分区分带建设虫情监测站点，做到"县有观测场、乡有监测点、村有调查田"，织实织密监测网络，确保完成监测点建设绩效考核目标。

（二）安置监测装备。根据虫情监测需要和财政部财农〔2019〕53 号文件绩效考核目标要求，在县级观测场重点配备自动虫情测报灯、高空测报灯、害虫性诱捕器等虫情测报工具，在乡镇监测点重点配备虫情测报灯和害虫性诱捕器，力争将预警时间提前到成虫迁入阶段。要在实际应用中加大监测设备试验筛选，确定性能优良、价格合理、服务优质的主打产品。

（三）配齐测报人员。切实加强测报队伍建设，配足配齐监测人员，解决一些地方基层农业技术服务体系弱化、植保专业人员严重不足等问题。有条件的地区，可通过聘请农民植保员、专业合作社等技术人员充实测报队伍，加强植保公共服务职能，切实提升病虫监测防控能力。

二、工作要求

（一）**全面组织普查**。增派监测人员、植保农技人员和农民测报员，全面开展虫情普查，做到"县不漏乡、乡不漏村、村不漏田"，准确掌握发生发展动态，实现虫情普查全覆盖。突出玉米、甘蔗、高粱等易害作物，广泛发动农民群众参与虫情调查，摸清田间害虫发生动态，做到早发现、早报告、早预警。

（二）**严密监测动态**。通过各地病虫监测点，系统监测害虫发生情况，准确发布预报预警信息，尤其要及时监测成虫迁飞情况，准确掌握田间幼虫发生发展动态，明确低龄幼虫发生高峰最佳防治窗口期，为政府部门防控决策提供依据，指导农民科学防控。

（三）**严格信息报送**。组织各级植保机构按照《农业农村部种植业管理司关于加强草地贪夜蛾发生防治信息报送的通知》（农农（植保）〔2019〕16号）等文件要求，及时准确报告草地贪夜蛾发生情况，以县为单位，首次发现的当日报告，已发生的一周两报。草地贪夜蛾发生防治信息涉及虫情测报、防治和药械等方面，要协调各方人员，负责虫情调度和信息报送，确保信息报送及时、传递畅通。

三、保障措施

（一）**加强组织引导**。各地植保机构要积极向当地农业农村主管部门、财政部门汇报项目资金预算内容和绩效考核目标要求，根据草地贪夜蛾监测预警需要，合理布局监测站点，科学配置监测设备，切实提高监测装备水平和监测预警能力。

（二）保障工作经费。各地要在用好农作物重大病虫草鼠疫情监测防治经费基础上，用好财政救灾资金中的技术指导费用，并积极争取地方财政支持，落实虫情调查测报人员下乡交通和补助，保证重大病虫疫情调查监测工作顺利开展。

（三）建立长效机制。各地要积极争取地方财政部门支持，将测报经费列入财政预算。保障测报人员待遇，稳定测报队伍。加快推进动植物保护能力提升工程实施进度，促进项目早见成效。大力示范推广新型病虫测报工具，提高病虫测报装备水平，推进病虫测报自动化、智能化和信息化，不断提升重大病虫害监测预警能力。

全国农技中心

2019 年 6 月 2 日

抄送：农业农村部种植业管理司（农药管理司）

全国农技中心办公室　　　　　　　　　2019 年 6 月 24 日印发

北京市农业农村局文件

京政农发〔2019〕64号

北京市农业农村局
关于加强草地贪夜蛾监测防控的紧急通知

各区农业农村局，所属各相关单位：

　　草地贪夜蛾已在全球近100个国家发生，是联合国粮农组织全球预警的重大迁飞性农业害虫。今年1月以来，草地贪夜蛾相继从境外迁入我国西南、华南地区，并快速向北迁飞扩散，目前已在16个省（区、市）的617个县（市、区）发现为害，其发展速度之快、波及范围之广十分罕见。专家分析预测，草地贪夜蛾成虫将随气流进一步向北迁移，对黄淮海夏玉米和北方的春玉米生产构成重大威胁。北京地处华北北部，是多种迁飞性害虫南北迁移的重要通道，草地贪夜蛾发生风险极高。为切实做好监测防控工作，严防草地贪夜蛾暴发成灾，保障秋粮生产安全和2019年世园会展示作物安全，现紧急通知如下。

一、强化属地责任，提高风险意识

草地贪夜蛾为迁飞性害虫，每晚可飞行数百公里，3至7晚就可以从江淮到达华北或东北。该虫在11～30℃温度范围内均适宜发生，繁殖能力很强，可以取食玉米、水稻、小麦、番茄、马铃薯等多种作物。资料显示，草地贪夜蛾在非洲及亚洲部分区域对玉米等作物造成的减产可达20%～30%，甚至毁种绝收。北京地区分布有多种草地贪夜蛾的寄主植物，且种植非常分散，很多寄主植物如春玉米播种期持续较长，为草地贪夜蛾提供了适宜的繁殖条件，一旦传入并且定殖，将严重威胁我市农业生产安全。各区要提高对草地贪夜蛾的风险意识，强化属地责任，高度重视监测防控工作。

二、加强监测预警，建立报告制度

各区要尽快制定监测预警方案，安排专业技术人员开展田间普查，部署草地贪夜蛾监测点，确保现有的虫情测报灯正常运行。各区春玉米大面积种植区域或作物品种多样的区域尽快设立性诱监测点开展定点监测，北京南部近河北、天津的区域要加大性诱监测点设置密度。各区发现疑似害虫或为害症状立即报告，确保做到早发现、早预警、早防治。

三、制定防治预案，做好防控准备

针对草地贪夜蛾具有迁飞性、突发性和暴发性的特点，各区要提前制定防控预案，充分做好农药、器械等防控物资和人员准备。在防控时间上，可根据虫情监测和田间普查结果，抓住低龄幼虫防治关键时期，选择在清晨或黄昏施药。要大力推进统防统治，强化区域联防，充分发挥专业化组织的作用，治早、治小，坚决遏制草地贪夜蛾发生、蔓延与危害。

四、强化宣传培训，做好技术普及

草地贪夜蛾属于外来新发重大害虫，针对基层干部群众识别难、防治难、认识不足等问题，各区要立即组织专家开展技术培训。同时，通过网络、报纸、电视和宣传挂图手册等形式，宣传普及草地贪夜蛾的识别特征、监测方法和防控知识。推广综合防控技术，避免过量使用农药造成安全隐患和不良影响。

北京市农业农村局

2019 年 6 月 3 日

北京市农业农村局办公室　　　　　　　　　2019 年 6 月 3 日印发

北京市农业农村局

北京市农业农村局
关于转发《农业农村部办公厅关于做好
草地贪夜蛾应急防治用药有关工作的通知》
的通知

各区农业农村局，所属各相关单位：

现将《农业农村部办公厅关于做好草地贪夜蛾应急防治用药有关工作的通知》（农办农〔2019〕13号）转发给你们，请按照文件提出的应急用药推荐名单和工作要求，结合当地实际情况，认真抓好落实。

附件：《农业农村部办公厅关于做好草地贪夜蛾应急防
　　　治用药有关工作的通知》（农办农〔2019〕13号）

北京市农业农村局
2019年6月24日

附件

农业农村部办公厅文件

农办农〔2019〕13 号

农业农村部办公厅关于做好草地贪夜蛾
应急防治用药有关工作的通知

各省、自治区、直辖市农业农村（农牧）厅（委、局），新疆生产建设兵团农业农村局：

草地贪夜蛾是联合国粮农组织全球预警的跨国界迁飞性农业重大害虫，主要危害玉米、甘蔗、高粱等作物，已在近 100 个国家发生。2019 年 1 月由东南亚侵入我国云南、广西，目前已在 18 个省（区、市）发现，严重威胁我国农业及粮食生产安全。鉴于目前我国无防治该虫的登记农药，根据《农药管理条例》有关规定，我部在专家论证的基础上，提出如下应急用药措施。

一、明确应急用药产品范围。本着防控用药的有效性、安全性、经济性原则，专家组在充分论证的基础上，提出了 25 种应急使用的农药产品(详见附件)。各地农业农村部门要结合当地实际情况选择推荐药剂,推荐给农民使用。

二、加强应急用药监督管理。各地农业农村部门要督促企业、经营单位建立生产销售台账,加大监督抽检力度,并依法严肃查处涉嫌假冒伪劣行为,确保农药产品质量。

三、强化应急用药指导服务。各地农业农村部门要加强草地贪夜蛾监测预警,加大培训力度,深入田间地头指导农民因地制宜选择农药产品,科学确定使用时期、使用剂量和使用方法,严格按照安全间隔期用药,严防长残留农药造成农残超标。加强使用安全风险和药效监测,一旦发现作物药害、使用效果不佳等情况,要及时采取措施并报我部。

四、限定应急用药使用时间。根据草地贪夜蛾的发生规律和防控实际需要,暂定应急用药时间至2020年12月31日。

各省(区、市)农业农村部门在组织草地贪夜蛾防治技术研究与试验中,若发现其他经济安全有效的药剂,可及时向我部推荐。

附件:草地贪夜蛾应急防治用药推荐名单

农业农村部办公厅

2019年6月3日

附件

草地贪夜蛾应急防治用药推荐名单

单剂：甲氨基阿维菌素苯甲酸盐、茚虫威、四氯虫酰胺、氯虫苯甲酰胺、高效氯氟氰菊酯、氟氯氰菊酯、甲氰菊酯、溴氰菊酯、乙酰甲胺磷、虱螨脲、虫螨腈、甘蓝夜蛾核型多角体病毒、苏云金杆菌、金龟子绿僵菌、球孢白僵菌、短稳杆菌、草地贪夜蛾性引诱剂

复配制剂：甲氨基阿维菌素苯甲酸盐·茚虫威、甲氨基阿维菌素苯甲酸盐·氟铃脲、甲氨基阿维菌素苯甲酸盐·高效氯氟氰菊酯、甲氨基阿维菌素苯甲酸盐·虫螨腈、甲氨基阿维菌素苯甲酸盐·虱螨脲、甲氨基阿维菌素苯甲酸盐·虫酰肼、氯虫苯甲酰胺·高效氯氟氰菊酯、除虫脲·高效氯氟氰菊酯

农业农村部办公厅　　　　　　　　　　2019 年 6 月 3 日印发

北京市农业农村局文件

京政农发〔2019〕105号

北京市农业农村局
关于印发《北京市草地贪夜蛾、草地螟等
重大迁飞性害虫防控工作方案》的通知

各区农业农村局：

为全力抓好北京市草地贪夜蛾、草地螟等重大迁飞性害虫防控工作，坚决遏制重大迁飞性害虫暴发成灾，市农业农村局根据农业农村部《全国草地贪夜蛾防控方案》《北京市突发事件总体应急预案》《北京市突发重大植物疫情应急预案》等有关规定，在对草地贪夜蛾、草地螟等重大迁飞性害虫风险评估的基础上，

组织制定了《北京市草地贪夜蛾、草地螟等重大迁飞性害虫防控工作方案》。现印发你们，请遵照执行。

北京市农业农村局

2019 年 8 月 14 日

附件

北京市草地贪夜蛾、草地螟等重大
迁飞性害虫防控工作方案

为全力抓好北京市草地贪夜蛾、草地螟等重大迁飞性害虫防控工作，坚决遏制重大迁飞性害虫暴发成灾，根据农业农村部《全国草地贪夜蛾防控方案》《北京市突发事件总体应急预案》《北京市突发重大植物疫情应急预案》等有关规定，在对草地贪夜蛾、草地螟等重大迁飞性害虫风险评估的基础上，制定本方案。

一、指导思想

贯彻落实习近平总书记重要指示和国务院的决策部署，提高政治站位，坚持首善标准和"预防为主、综合防控"的植保方针，树牢科学防控、主动防控、联防联控的防控思路，做到早发现、早预警、早处置，坚决遏制草地贪夜蛾、草地螟等重大迁飞性害虫暴发成灾，避免对粮食和农业生产造成不利影响，避免对各类重大活动的保障造成不利影响。

二、防控目标

做到"三力争、两确保"，即：力争将重大迁飞性害虫阻截于市域外、力争农业生产不成灾、力争严防重大迁飞性害虫进入城区，确保本市不发生大面积危害成灾、确保不造成重大社会影响。

三、主要任务

根据草地贪夜蛾、草地螟等重大迁飞性害虫发展态势和危害特点，设置防控缓冲区、重点阻截区、核心防控区三道防线，做到提早防、联合防、全域防、综合防、长期防。

防控缓冲区：在北京周边沿七环内外区域设置监测与防控带。在南部，重点防范草地贪夜蛾，沿固安、涿州、天津武清一线设置25盏高空探照灯和500套性诱捕器，开展阻截与监测。在北部，重点防范草地螟，沿河北省怀来县和本市延庆、平谷、密云、怀柔等区设置95盏高空探照灯和1 000盏太阳能杀虫灯，开展阻截与监测。

重点阻截区：在本市农业生产区，特别是迁飞性害虫喜食的玉米主产区，沿六环路开展重点阻截与防治。在门头沟、房山、通州、顺义、大兴、昌平等区域内，设置500盏太阳能杀虫灯、40盏虫情测报灯，10 000套性诱捕器。发现虫情后，及时组织幼虫普查，根据虫龄采取以生物药剂为主的防控措施，防止进一步扩散蔓延。

核心防控区：在近郊及城区，设置2 500套性诱捕器和200盏太阳能杀虫灯，并在草地、农田和果园等地方，每50亩设置1套性诱捕器，重点监测并诱杀已迁入的草地贪夜蛾、草地螟等成虫。针对低龄幼虫，喷施苏云金杆菌和虱螨脲等药剂进行防控。

四、工作措施

（一）坚持科学防控

1. 健全科学应对机制

市级成立防控工作领导小组，统一指挥调度全市防控工作，同时设立专家指导、应急处置和区域联防联控协调等工作小组，保证指挥畅通、协调密切、处置有力。市级防控工作领导小组坚持每周进行1次形势分析，研判发展态势，提出相关防控应对措施。各区落实属地管理责任，建立区、镇（乡）、村三级防控指挥调度机制，定期组织研判和调度，认真落实防控措施。

2. 准确研判态势发展

密切关注全国草地贪夜蛾等虫害的发展态势，及时掌握迁飞路线和方向，提前落实防范措施。组织相关专家开展风险评估，科学研判本市草地贪夜蛾发生概率、可能危害和防范重点。学习借鉴国内外防控草地贪夜蛾、2008年奥运会防控草地螟、2012年防控三代黏虫等经验，摸清本市农作物种植布局和结构，特别是玉米等喜食作物种植情况，科学确定全市防控思路和措施，有效应对草地贪夜蛾、草地螟等重大迁飞性害虫。

3. 合理运用防控手段

针对草地贪夜蛾、草地螟等重大迁飞性害虫的特性，综合运用物理防控、生物防控、化学防治等手段开展防控。阻截期以物理防控为主，设置高空探照灯、太阳能杀虫灯、性诱捕器，主要开展监测与阻截；发生期以化学防治和物理防治为主，按照农业农村部推荐用药目录，指导农民科学选药、轮换用药、交替用药。开展抗药性监测，及时更换抗性高、防效差的药剂。在严防害虫危害的同时，严格注意农产品质量和农业生态环境安全。

（二）坚持主动防控

4. 加强监测预警

坚持"四结合一互补"，即：空中监测与地面监测相结合、定点监测与普查相结合、灯诱和性诱相结合、京内与京外相结合、监测点与阻截带虫情信息互补，强化病虫防控属地管理责任。全面开展监测调查工作，全市建立110个病虫监测点，各区适当增设虫情测报网点，加密做好虫情调查监测。重点要针对玉米等喜食作物，充分调集农技人员、植保专业组织、全科农技员等参与虫情普查，确保"区不漏乡、乡不漏村、村不漏田"。根据虫情监测结果，结合气候、作物生长等因素综合分析，及

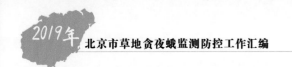

时发布预报预警信息，防止因监测预报不到位贻误防治时机。

5. 强化虫情调度

根据全国和周边省份虫情发展态势，启动和落实虫情防控信息日报告制度，各区指定专人每日报送防控工作信息，对于虫情实行零报告制度。任何单位和个人一旦发现疑似草地贪夜蛾、草地螟等重大迁飞性害虫，应当及时向当地农业农村主管部门或辖区植保机构报告，区级植保机构接到报告后，应当及时上报市植物保护站核实鉴定，确定为草地贪夜蛾、草地螟等虫情后，逐级上报，并做好记录备查。

6. 完善应急处置准备

针对此次虫情特点和规律，细化应急处置方案，统筹整合专业化统防统治服务组织，在全市范围内组建20支应急防治服务组织，配备高效施药器械和安全防护用品。组织开展应急处置演练，熟悉应急处置程序，提高突发重大植物病虫害应急事件的反应速度和协调处置水平，增强综合处置能力。组织对基层防治力量开展技术培训，熟练掌握诱杀成虫、扑杀幼虫等防治措施。

（三）坚持联防联控

7. 健全区域联防联控机制

构建上下联动、部门协作、区域联防的联防联控机制，深化前期应对各类重大活动建立的迁飞性害虫联合监测预警机制，进一步加强与天津、河北、内蒙古、辽宁等省（市、区）的联系，统筹协调布设虫情监测点和防控措施。建立定期通报会商机制，周边省份未发现虫害时，坚持每周组织1次会商；周边省份发生虫害时，坚持每天沟通1次，及时掌握虫害扩散态势，适时启动应急处置机制。

8. 建立市区联动机制

强化市区两级统筹协调，市级重点掌握和通报虫情发展态势，明确防控目标和任务，协调落实防控资金，提供技术支撑和培训，指导各区落实防控措施。区级重点按照防控措施，设立虫情监测点，做好虫情监测，落实专业化统防统治服务组织，组织基层技术培训，做好信息报送等。相邻区加强信息互联互通，及时通报虫情，开展联合监测、联防联控、防止漏查漏治。

9. 建立部门协作机制

加强与财政、园林绿化、城市管理、交通、公安、气象等有关部门的联系，定期通报情况，统筹协调防控资金保障、防控设施建设、防控队伍调配，形成工作合力。

五、保障措施

（一）强化思想认识

各区要落实属地责任，提高思想认识和政治站位，增强大局意识，强化底线思维，充分认识做好草地贪夜蛾、草地螟等重大迁飞性害虫防控的极端重要性和紧迫性，以高度的责任感、强烈的紧迫感，攻坚克难，敢于担当，坚决做好防控工作。

（二）强化督导检查

各级要强化草地贪夜蛾、草地螟等重大迁飞性害虫防控工作的督查指导，适时组派督导检查组，赴各地督促检查监测防控措施和保障资金落实情况，评估防治效果，总结防控经验，分析存在的问题。对监测防控措施不到位、工作不力，造成严重损失和社会影响的，严肃追责问责。加强农药市场监督抽查，坚决打击假冒伪劣农药坑农害农行为。

（三）强化技术保障

市级成立专家指导小组，定期开展会商研判，关键时期深入一线，开展巡回指导和技术培训。各区要加强技术培训，发挥农业科技员的作用，确保每个区有一批技术骨干、每个村有技术明白人。各区要组织专业技术人员，进村入户到田，包乡、包村、包片负责，开展监测调查，指导科学防控。

（四）强化资金物资保障

全市要按照工作方案确定的防控措施要求，特事特办，迅速做好防控物资的储备和防控设施的布控。市区两级要根据职能划分，对主要农药储备、重要防控设备购置、防控技术指导、京外联合监测防控等给予保障。

（五）强化宣传引导

加强舆情引导和监控，正确引导舆论，消除社会恐慌。充分运用电视、广播、报刊、网络等媒体，及时宣传各级防控经验和做法。组织专家开展科普讲座，编印识别挂图和防治手册，了解害虫的发生危害习性、防治基本知识，增强群众可防可控信心。

附件：北京市草地贪夜蛾、草地螟等重大迁飞性害虫防控技术方案

附件

北京市草地贪夜蛾、草地螟等
重大迁飞性害虫防控技术方案

2019年1月，草地贪夜蛾入侵我国云南省（普洱江城县），之后快速扩散，目前已有21个省（区、市）的1 177个县（市、区）发现为害，查实发生面积952万亩，累计防治面积1 193万亩。目前，草地贪夜蛾北部边界位于山东、河南、山西省境内，对京津冀地区形成了半包围的态势。2018年草地螟等迁飞性害虫已进入活跃周期，2019年，河北、内蒙古草地螟成虫大量迁入，北京草地螟防控压力较大。根据草地贪夜蛾、草地螟等重大迁飞性害虫的生物学习性、为害特点和近期发生态势，综合各地预报信息，为全力抓好北京市草地贪夜蛾、草地螟等重大迁飞性害虫防控工作，坚决遏制重大迁飞性害虫暴发成灾，结合北京实际，特制定《北京市草地贪夜蛾、草地螟等重大迁飞性害虫防控技术方案》。

一、总体要求

根据草地贪夜蛾、草地螟等迁飞性害虫的迁飞行进路线，北京市计划对草地贪夜蛾、草地螟等迁飞性害虫实行区域化防控，即设立防控缓冲区、重点阻截区和核心防范区，在上述区域内认真落实属地责任，坚持"预防为主、综合防控"的植保方针，树牢科学防控、主动防控、联防联控的防控思路，做好应急处置，实现层层阻截，做到早发现、早预警、早处置，坚决遏制草地贪夜蛾、草地螟和蝗虫等迁飞性害虫的暴发成灾态势，避免对农业生产和世园会等重大活动举办造成不利影响。

二、防控目标

立足阻截于市域外、农业生产不成灾、严防进入城中区，通过强化监测预警、统防统治、群防群治，确保本市不发生大面积危害成灾、不造成重大社会影响。

三、防控措施

（一）加强监测预警

1. 完善监测预警体系

全市草地贪夜蛾监测要坚持"四个结合一互补"，即空中监测与地面监测相结合、定点监测与普查相结合、灯诱和性诱相结合、京内与京外相结合，监测点与阻截带虫情信息互补，全面做好虫情监测。针对未来可能出现的监测与防控压力，各区落实属地管理责任，植保部门发挥主力军作用，同时要引导发挥本区全科农技员、专业化防控组织和种植合作社等技术力量的辅助作用，补充完善监测预警体系，针对玉米等喜食作物田进行全面延伸监测，确保"区不漏乡、乡不漏村、村不漏田"。针对草地贪夜蛾，任何单位和个人一旦发现疑似成虫，应及时向当地农业农村主管部门或所属植保植检机构报告。区植保部门接报后，要及时向市级植保部门报告并组织专家确认。

2. 落实各项监测技术

（1）成虫监测。在防控缓冲区、重点阻截区和核心防控区，综合应用昆虫雷达、高空测报灯和性诱捕器等监测手段，做到早发现早预警。在延庆区设迁飞性害虫昆虫雷达监测点，综合利用昆虫雷达、高空测报灯（又称高空探照灯）等对空中迁飞害虫种群进行逐日监测。

防控缓冲区：沿七环，在河北固安、涿州、天津武清和北京延庆等迁飞昆虫的重要通道处，南部沿河北固安、涿州、天津武清一线235千米，按约每10千米设置1盏高空测报灯和每千米设置1套性诱捕器的标准，共设置25盏高空测报灯和500套诱捕器，形成1条高空测报灯监测阻截带与2条插缝互补式性诱监测带，主要阻截草地贪夜蛾和黏虫。在河北怀来和北京延庆、平谷、密云、怀柔等地（190千米），按每2千米设置1盏和每50亩设置1盏杀虫灯的标准，共设置95盏高空测报灯和1 000盏太阳能杀虫灯，形成1条高空测报灯阻截监测带和1条杀虫灯带，监测诱杀草地螟、蝗虫、黏虫和小地老虎。防控缓冲区内开展逐日监测，记录数据和内容参见相关技术规范。

重点阻截区：沿六环路，在门头沟、房山、通州、顺义、大兴、昌平等重点阻截区内设置500盏太阳能杀虫灯，建立第二道阻截杀虫带。同时在重点阻截区内，补充设立40盏虫情测报灯，虫情测报灯总数达110套。重点阻截区内按每50亩设置1套性诱捕器的标准，设立10 000套性诱捕器。重点阻截区内对草地贪夜蛾、草地螟、黏虫、蝗虫开展逐日监测，记录数据和内容参见相关技术规范。

核心防控区：在近郊及城区的草地、农田和果园等，按每50亩设置1套性诱捕器的标准，设置2 500套性诱捕器和200盏太阳能杀虫灯，重点监测并诱杀已迁入的草地贪夜蛾、草地螟、蝗虫等成虫，记录数据和内容参见相关技术规范。

（2）田间普查。由于草地贪夜蛾成虫趋光性不强，性诱监测设备也不能准确反映田间密度，因此针对草地贪夜蛾等要加大田间调查力度，扩大调查范围，增加调查频次。鳞翅目害虫的田间普查对象主要有卵、幼虫和蛹，重点调查玉米、谷子、高粱、禾本科杂草、灰藜等喜食作物田块和杂草地，每周调查2次。卵、幼虫和蛹的识别和调查方法参见相关技术规范。针对蝗虫，定期到库区、河滩地、湿地等区域组织普查，重点调查蝗蝻种类和密度等。

3. 开展联合监测

在天津、河北、内蒙古、辽宁等省（市、自治区），设置9个监测点，对草地贪夜蛾、草地螟、黏虫、蝗虫等开展逐日监测，定期进行技术交流沟通，通过微信交流工作群共享监测信息，及时发布虫情预报。

（二）实施科学防控

1. 防控对策

迁飞性害虫防控工作要坚持主动防控、科学防控和联防联控。主动防控即通过区域划分尽可能将迁入虫源消灭在防控缓冲区。科学防控一方面要突出治早治小，进行全面捕杀，消除迁移扩散风险，另一方面要按照农业农村部推荐用药目录，结合生产实际，指导进行科学选药、轮换用药、交替用药，延缓抗药性产生。防控工作要严格遵守农药安全使用间隔期，既要有效控制害虫危害，更要确保农产品质量安全。应对跨区域、迁飞性害虫，必须构建多省市的联防联控机制。联防联控要突出京、津、冀、蒙、辽等省市的区域化合作优势，在各自属地管理的基础上，扩大比邻区防治区域，协同一致，提高草地贪夜蛾、草地螟、黏虫、蝗虫等迁飞性害虫的防治效果。

2. 分区施策层层阻击

发现成虫迁入后，要及时组织幼虫普查，发现幼虫后，分区域参考各自防治指标进行防控（表1）。幼虫防治要抓住1～3龄的最佳防治适期，在清晨和傍晚，进行喷药防治。药剂着重喷施在心叶、雄穗和雌穗。其中针对草地螟要以诱杀成虫为主，防治幼虫为辅。

表1 主要迁飞害虫的化学防控指标

害虫种类	防控指标
草地贪夜蛾	见虫防控
草地螟	10头/米²
黏虫	春玉米10头/百株，夏玉米5头/百株，杂草3头/米²
蝗虫	10头/米²

防控缓冲区：采取化学防控为主，防止进一步扩散蔓延。幼虫防治期、连片发生区，组织社会化服务组织实施统防统治和群防群控；分散或点状发生区，组织农民实施带药侦查、点片扑杀。

重点阻截区：发现虫情后，及时组织幼虫普查，并根据虫龄采取以喷施多杀菌素、阿维菌素、苦参碱、印棟素等生物药剂为主的防控措施。

核心防控区：通过性诱，减少草地贪夜蛾成虫交配率。针对低龄幼虫，喷施苏云金杆菌、虱螨脲、蝗虫微孢子虫等药剂进行防控。

3. 提早做好应急防控准备

针对玉米生长后期防控难度大等特殊情况，每区培育遴选组建1～2支专业防控队伍，遴选队伍标准应达到"四有"，即有人员、有技术、有器械、有能力，并组织队伍开展培训、操练和器械维护。为了做好应急防控，全市将组织开展1次应急处置演练，熟悉应急处置程序，提高突发重大植物病虫害应急事件的反应速度和协调处置水平，增强综合处置能力。同时根据农业农村部推荐，做好相关防控药剂的储备工作，推荐药剂有氯虫苯甲酰胺·高效氯氟氰菊酯悬浮剂、甲维·虱螨脲、苏云金杆菌、蝗虫微孢子虫等。

四、工作要求

（一）加强监测，及时报送信息

各区落实属地管理，摸清监测设备家底，组建监测工作队伍，加强迁飞性害虫监测，并做好信息上报工作。目前，市农业农村局已经启动草地贪夜蛾虫情日报制度和工作信息报送制度，各区要指定专人负责，认真填写北京市草地贪夜蛾防控工作信息表各项内容，并将信息上报至北京植物保护站测报科，Email：nongyk@sina.com。

（二）强化属地责任，落实防控措施

针对全市提出的3个防控区（防控缓冲区、重点阻截区、核心防控区），各区要落实属地责任，做好防控协调。充分发挥毗邻优势，做好沟通与协调，提前谋划，科学规划，因地因时制宜，奠定落实防控措施的基础。相关协作区要积极制定防控细则，推动落实各项防控措施。

（三）加强宣传与培训

各区要加强舆论引导，充分利用电视、互联网、报纸等媒体，通过开展专题讲座、科普访谈等，对草地贪夜蛾进行科普宣传，加强草地贪夜蛾可防可控的正面声音，消除恐慌。各区要组织开展防控技术培训，提高基层技术人员对成虫、卵、幼虫和蛹的识别能力，要积极发放各类资料，提高生产者的防控意识。同时要加强科学用药指导，提升科学防控水平。

（四）做好应急防控准备

各区尽早开展专业防治队伍的遴选与培训，尽快对植保器械进行维护，确保达到"四有"标准，并开展应急演练。各区根据种植情况和作物长势，提前做好物资储备计划，储备好相关防控药剂。

北京市农业农村局办公室　　　　　　　　　　　　　　　　2019 年 8 月 14 日印发

北京市农业农村局

关于召开北京市草地贪夜蛾等重大迁飞性害虫防控工作部署视频会议的通知

宣传与文化处、计划财务处、科技处、应急处、农机管理处；市农技推广站、市植保站、局宣教中心：

根据近期全国草地贪夜蛾等重大迁飞性害虫发生发展动态，以及市领导有关批示精神，为抓紧做好本市草地贪夜蛾等重大迁飞性害虫防控工作，市农业农村局定于 8 月 23 日召开北京市草地贪夜蛾等重大迁飞性害虫防控工作部署视频会议，现就相关事项通知如下：

一、时间地点

时间：8 月 23 日下午 2:00；

地点：主会场设在市农业农村局北区 505 会议室，各区农业农村局设立分会场。

二、会议议程

会议由市农业农村局局领导阎晓军同志主持。

（一）市农业农村局种植业处通报近期全国草地贪夜蛾等重大迁飞性害虫发生情况，以及本市防控工作要求；

（二）市植物保护站部署下一步防控措施；

（三）市农业农村局副局长马荣才同志讲话。

三、参会人员

主会场：市农业农村局主管领导，宣传与文化处、计划财务处、科技处、应急处、种植业管理处、农机管理处等局相关处室；市农技推广站、市植保站、局宣教中心等局属单位。

分会场：各区农业农村局主管局长，相关科室及所属单位工作人员；各区植保站站长及相关工作人员。

四、其他事项

（一）请各处于 8 月 23 日上午 11:00 前，将参会人员名单（包括姓名、职务）报种植业处。

（二）会议联系人：市农业农村局种植业管理处

附件：参会回执

种植业管理处

2019 年 8 月 22 日

附件

会 议 回 执

姓名	单位	职务	联系电话

北京市农业农村局

关于召开草地贪夜蛾等重大迁飞性害虫防控工作专家研讨会的通知

市植保站：

为总结 2019 年草地贪夜蛾等重大迁飞性害虫防控工作成效，研究 2020 年重点工作任务，定于 11 月 19 日召开专家研讨会，现就相关事宜通知如下：

一、时间地点

时间：11 月 19 日（周二）上午 9:30，会期半天；

地点：市农业农村局北区北楼 216 会议室（西城区裕民中路 6 号）。

二、会议议程

（一）市植物保护站通报 2019 年草地贪夜蛾等重大迁飞性害虫防控工作情况；

（二）专家研讨。

三、参会人员

中国农业科学院植物保护研究所、全国农技中心专家；

市农业农村局种植业管理处处长及相关人员；

市植物保护站主管站长及相关人员。

市农业农村局种植业管理处

2019 年 11 月 18 日

验收意见

2019 年 11 月 19 日，北京市农业农村局组织有关专家对北京市植物保护站承担的"2019 年草地贪夜蛾、草地螟等重大迁飞性害虫应急防控" 项目进行验收。专家组听取了项目汇报，审阅了相关材料，经质询讨论，形成如下意见：

1.北京市第一时间发现迁入的草地贪夜蛾，实现了早发现、早预警、早处置的目标，确保了本市未大面积发生危害成灾、未对建国 70 周年大庆、世园会等重大活动举办造成不利影响，北京市虫情信息对研究全国草地贪夜蛾迁移规律提供了重要数据支持。

2.项目坚持"四结合一互补" （空中监测与地面监测相结合，定点监测与普查相结合，灯诱和性诱相结合，京内与京外相结合，监测点与阻截带虫情信息互补)的防控策略，通过开展宣传与技术培训，建立了一套虫情信息上报与调度制度，为今后草地贪夜蛾的监测与防控积累了经验。

3.项目在京津冀地区构建了迁飞性害虫的"三道防线"，极大提升了京津冀等地对迁飞性害虫的监测、阻截防控能力，确保"联合防、长期防"策略落实到位，也为落实"科学防控、主动防控、联防联控"的迁飞性害虫防控思路奠定了重要基础。该项目初步建立了京、津、冀、蒙、辽等 5 省（市、区）迁飞性害虫联防联控工作机制，搭建了 5 省（市、区）测报信息交流平台，提升了区域化联防联控水平。

4.通过项目实施，监测体系得到完善和加强，植保人员队伍得到稳定，长期监测防控策略更加清晰，对京津冀等周边省（市、区）的监测防控工作起到了一定的促进和带动作用，为草地贪夜蛾等重大迁飞性害虫的持续治理奠定了基础。

专家组一致认为，该项目目标科学明确，防控策略和防控思路清晰，提出的措施有效，达到了预期工作目标，建议通过验收。

专家组长签字：

2019 年 11 月 19 日

北京市植物保护站

关于召开重大迁飞性害虫联合监测工作协商会的函

各有关单位：

2019 年 4 月 27 日至 10 月 7 日，北京市延庆区将举办 2019 年中国北京世界园艺博览会（下简称"2019 年北京世园会"），本次世园会由北京市农业农村局负责"百蔬园"展区的建设与维护工作。

近年来，草地螟、棉铃虫、黏虫等迁飞性害虫的暴发态势严峻，世园会期间恰逢多种迁飞性害虫的重要发生期，害虫一旦暴发成灾，必将对世园会造成不利影响。为了加强迁飞性害虫的监测预警工作，为相关害虫防控提供决策依据，北京市植物保护站计划邀请天津、河北、内蒙古、辽宁等地植保部门到北京共商协同监测工作，现将有关事宜通知如下：

一、会议内容

1. 邀请天津、河北、内蒙古、辽宁等省(市、区)植保部门各派 1~3 名代表参会，以 PPT 形式重点围绕草地螟、棉铃虫、小地老虎、黏虫等害虫，交流研讨当地迁飞性害虫的监测与防控工作。

2. 协商安排 2019 年世园会期间迁飞性害虫协同监测工作事宜。

3. 到北京延庆迁飞性害虫昆虫雷达监测点实地观摩。

二、参会人员

全国农技推广中心测报处和各省市植保部门主管领导、特邀专家、市（盟）县（旗）测报业务负责人代表，名额分配见下表。

省市名称	名额分配
北京市	站长、主管站长、测报科科长等共计 4 人
河北省	主管站长、测报科科长和康保县、大名县、滦县等县市业务负责同志共计 6 人
天津市	主管站长、测报科科长和区级业务负责同志共计 3 人
内蒙古自治区	主管站长、测报科科长和科右前旗等县市业务负责同志共计 4 人
辽宁省	主管站长、测报科科长和县市业务负责同志共计 3 人
合计	23 人

三、会议地点

北京市圆山大酒店，地址：北京市西城区裕民路 2 号，010-62010033

四、会议时间

4 月 10 日报到，会期 2 天，11 日汇报交流，12 日到延庆雷达监测点现场观摩，13 日离会。

五、注意事项

1. 报到地点：北京市圆山大酒店；

2. 本次会议食宿自理；

3. 宾馆紧张，请参会人员于 3 月 30 日前将会议回执发送至邮箱：nongyk@sina.com，以便预留房间；

4. 会议联系人：北京市植物保护站测报科。

北京市植物保护站

2019 年 3 月 20 日

北京市植物保护站文件

京农植字〔2019〕26号

北京市植物保护站
关于印发《北京市草地贪夜蛾监测与防控方案》的通知

各区植保（植检）站、房山区植物疫病预防控制中心：

　　草地贪夜蛾是联合国粮农组织全球预警的重大迁飞性农业害虫。2019年1月份以来，草地贪夜蛾相继从境外迁入我国西南华南等地区，并快速向北迁飞扩散，目前已在18个省（区、市）的884个县（市、区）发现为害，其发展速度之快、波及范围之广十分罕见。为落实"北京市农业农村局关于加强草地贪夜蛾监测防控的紧急通知"要求，做好本市草地贪夜蛾监测防控工作，北京市植物保护站制定了《北京市草地贪夜蛾监测与防控方案》，现印发给你们，请结合本区实际，认真抓好落实。

附件：北京市草地贪夜蛾监测与防控方案

北京市植物保护站

2019 年 6 月 10 日

北京市植物保护站办公室　　　　　2019 年 6 月 10 日印发

附件

北京市草地贪夜蛾监测与防控方案

根据草地贪夜蛾生物学习性和为害特点，综合农业农村部种植业司和全国农技推广服务中心下发的草地贪夜蛾防控专刊、病虫情报信息、《草地贪夜蛾测报调查方法（试行）》等材料，结合北京实际，北京市植物保护站制定《北京市草地贪夜蛾监测与防控方案》，具体内容如下：

一、成立草地贪夜蛾监测与防控专家小组

为统一指导全市草地贪夜蛾监测与防控工作，北京市植物保护站牵头成立草地贪夜蛾监测与防控专家小组，负责组织会商研判发生趋势，督导落实监测防控方案，组织制定各区的监测预警方案。

二、加强草地贪夜蛾虫情监测

（一）设置监测点

草地贪夜蛾食性杂，早期为害非常隐蔽，设立监测点必须具有代表性，监测工作要本着成虫监测优先的原则。成虫监测手段有虫情测报灯、高空测报灯、性诱捕器等。由于草地贪夜蛾为新发害虫，各种监测设备的诱捕效果还有待验证，各区应使用多种手段综合监测。利用全市现有的60个植物疫情监测点、9个农业有害生物预警与控制区域站监测点和2个高空灯监测点开展草地贪夜蛾监测。在玉米、高粱、谷子等作物田设置性诱监测点，每个区设置3~5个，每个性诱监测点设置3个性诱捕器。其他虫态监测每区至少选择5~10个有代表性的田块开展卵、幼虫和残虫普查，具体监测技术参考《草地贪夜蛾测报调查方法（试行）》。北京南部近河北、天津的区域要加大性诱监测点设置密度，加大调查频次。

（二）成虫监测

1. 测报灯

选用黑光灯为光源的虫情测报灯进行常规监测。虫情测报灯应安置在玉米等主要寄主作物田周围，周围100米范围内无高大建筑遮挡且远离大功率光源，灯管与地面距离为1.5米，每年更换一次。监测期间，需逐日统计成虫数量，并将雌雄蛾分开记录，结果按表1格式记录。监测时间4—10月。

表1 草地贪夜蛾成虫灯诱记载表

日期（月/日）	作物种类	生育期	测报灯			高空测报灯			备注天气要素
			雌蛾（头）	雄蛾（头）	合计（头）	雌蛾（头）	雄蛾（头）	合计（头）	

2. 高空测报灯

高空测报灯由GT182探照灯改装而成。高空测报灯可设在楼顶、高台等相对开阔处，或安装在病虫观测场内，要求其周边无高大建筑物遮挡和强光源干扰。在观测期内逐日记载诱集的雌雄蛾数量，结果按表1记录。监测时间4—10月。

3. 性诱

选用倒置漏斗式诱捕器或桶形诱捕器，诱芯每2个月更换一次。诱捕器安装高度为1.2~1.5米，桶形诱捕器需加适量水并加少许洗衣粉。苗期玉米等低矮作物田，3个诱捕器呈正三角形放置，相距至少50米，每个诱捕器与田边距离不少于5米，诱捕器距地面1米左右或高于植物20厘米。成株期玉米等高秆作物田，最好选田埂走向与当地季风风向垂直的田块，诱捕器放置于田边方便操作的田埂上，与田边相距1米左右，诱捕器呈直线排列、间距至少50米。虫量少时5天调查1次，虫量多时1~2天查1次。结果按表2格式记录。

表2 草地贪夜蛾成虫性诱记载表

日期（月/日）	作物种类	生育期	诱捕器1	诱捕器2	诱捕器3	诱捕器4	诱捕器5	合计数量（头）	备注天气要素
			数量（头）	数量（头）	数量（头）	数量（头）	数量（头）		

（三）田间调查

1. 卵

发现成虫后开始田间查卵，5天调查1次，成虫盛末期结束。调查对象为苗期至灌浆期的玉米田，采用5点取样法，每点查10株，每点间隔距离视田块大小而定。主要调查植株基部叶片正面、背面和叶基部与茎连接处的茎秆，成虫种群数量较大时，卵也会产在植株的高处或附近的其他植被上，应注意调查。调查株数、卵块数和每块卵粒数等，结果按表3格式记录。

表3　草地贪夜蛾查卵情况记载表

日期（月/日）	作物种类	生育期	调查株数	卵块数（块）	估算单块卵粒数（粒）			产卵部位	备注天气要素
					最多	最少	平均		

2. 幼虫调查

幼虫调查自卵始盛期开始，至幼虫进入高龄期止，5天调查1次，田间取样方法与调查卵相同。观察为害状后，再调查叶片正反面、心叶、未抽出雄穗苞和果穗中幼虫数量及龄期，同时注意观察记录天敌发生情况，结果按表4格式记录。幼虫平均头宽和体长参见表5。

表4　草地贪夜蛾幼虫数量和龄期记载表

日期（月/日）	作物种类	生育期	调查株数	各龄幼虫数（头）							折百株虫量（头）	天敌种类	备注
				1龄	2龄	3龄	4龄	5龄	6龄	合计			

表5　草地贪夜蛾1～6龄幼虫平均头宽和体长

龄期	1	2	3	4	5	6
头宽（毫米）	0.35	0.45	0.75	1.3	2.0	2.6
体长（毫米）	1.7	3.5	6.4	10.0	17.2	34.2

3. 蛹

草地贪夜蛾老熟幼虫通常落到地上浅层（深度为2～8厘米）的土壤做1个蛹室，形成土沙粒包裹的茧，有时也可在为害寄主植物如玉米雌穗上直接化蛹。当幼虫老熟后，7天调查1次蛹。田间5点取样，方法同卵和幼虫，每点查1米单行。调查时，先拨开浅层土壤，寻找茧蛹。如果土壤太硬，幼虫会在土表利用枝叶碎片等物质结成丝茧，也可在为害寄主植物如玉米雌穗上化蛹，要注意调查。

三、做好应急防控准备

（一）开展草地贪夜蛾监测防控技术培训与宣传

由于草地贪夜蛾属于新发害虫，多数监测人员获得的识别技巧来自各类培训和媒体，缺少实践经验。在北京地区，草地贪夜蛾还易与旋幽夜蛾、斜纹夜蛾、甜菜夜蛾、甘蓝夜蛾等害虫混淆。因此，各区要立即组织专家开展识别技术、监测技术和防控技术培训，各区还可组织专业技术人员到发生地考察。此外，各区要通过网络、报纸、电视和发放明白纸等形式，宣传普及草地贪夜蛾的识别特征、监测方法和防控知识，进一步提高农业生产的监测防控意识，充分发挥基层群众力量，做到群防群治。

（二）制定应急防控方案

草地贪夜蛾具有迁飞性、突发性和暴发性等特点，各区植保部门应尽快根据北京市农业农村局《关于加强草地贪夜蛾监测防控的紧急通知》和北京市植物保护站《北京市草地贪夜蛾监测与防控方案》的通知要求，制定本区草地贪夜蛾监测与防控方案。抓好本区草地贪夜蛾监测与防控工作，组织开展技术培训与宣传，设置虫情监测点，及时上报虫情信息，提前做好应急防控物资准备。

（三）做好防治药剂储备

各区植保部门要提前做好农药、器械等防控物资和人员准备，治早、治小，坚决遏制草地贪夜蛾发生、蔓延与危害。

草地贪夜蛾应急防治用药推荐名单：

单剂：甲氨基阿维菌素苯甲酸盐、茚虫威、四氯虫酰胺、氯虫苯甲酰胺、高效氯氟氰菊酯、氟氯氰菊酯、甲氰菊酯、溴氰菊酯、乙酰甲胺磷、虱螨脲、虫螨腈、甘蓝夜蛾核多角体病毒、苏云金杆菌、金龟子绿僵菌、球孢白僵菌、短稳杆菌、草地贪夜蛾性引诱剂。

复配制剂：甲氨基阿维菌素苯甲酸盐·茚虫威、甲氨基阿维菌素苯甲酸盐·氟铃脲、甲氨基阿维菌素苯甲酸盐·高效氯氟氰菊酯、甲氨基阿维菌素苯甲酸盐·虫螨腈、甲氨基阿维菌素苯甲酸盐·虱螨脲、甲氨基阿维菌素苯甲酸盐·虫酰肼、氯虫苯甲酰胺·高效氯氟氰菊酯、除虫脲·高效氯氟氰菊酯。

（四）建立信息上报制度

各区应尽快建立信息报告制度，指定专人负责数据上报工作，及时组织技术人员开展大田普查，一旦发现虫情或疑似虫情应立即报告北京市植物保护站测报科，实行零报告制度。草地贪夜蛾未发生时，每周五上报1次数据，一旦发生，将立即启动日报制。

北京市植物保护站

关于开展草地螟等迁飞性害虫联合调查的通知

2019 年世园会迁飞性害虫联合监测组各成员单位：

近期，内蒙古、河北等地灯下草地螟成虫数量出现突增，单日最高已经突破 40000 头，田间百步惊蛾量大。为进一步做好草地螟等迁飞性害虫监测与防控工作，2019 年世园会迁飞性害虫联合监测组计划召集成员单位专家于近期到虫源地围绕草地螟和蝗虫的发生为害情况开展 3 次联合调查，现将有关事宜通知如下：

一、联合考察计划

1. 草地螟产卵为害联合调查

2019 年 6 月 28 — 29 日，河北张家口（万全、康保），调查田间落卵和幼虫发生情况。

2. 蝗虫和草地螟残虫量联合调查

2019 年 7 月 8 — 11 日到内蒙古自治区中东部（兴安盟科右前旗、赤峰等）调查蝗虫和草地螟残虫量，奠定下一代成虫预测的基础。

3. 蝗虫调查

2019 年 8 月 12 — 14 日，到天津、河北调查秋蝗发生情况。

二、参加单位

各成员单位及联合监测点可根据实际工作需要选派 1~3 人，选择参加考察。

三、注意事项

1. 本次考察活动食宿自理。

2. 部分考察地区出行不便，需要提前租车，请各单位提前发送回执至邮箱：nongyk@sina.com，以便安排有关行程。

3. 集中考察结束后，各省市在本区域内组织 1~2 次考察，确定本区域内的发生情况，并提交 1 份考察报告。

4. 未尽事宜请联系北京市植物保护站测报科。

北京市植物保护站

2019 年 06 月 25 日

北京市植物保护站

关于启动草地贪夜蛾防控工作信息日报制度的
紧急通知

各区植保（植检）站、房山区植物疫病预防控制中心：

为深入贯彻中央领导同志关于抓好草地贪夜蛾防控工作的重要批示精神，按照农业农村部工作部署和市领导及农业农村局办公会的相关批示与要求，北京市植物保护站紧急启动草地贪夜蛾防控工作信息日报制度，从本通知发布之日起，各区要指定专人负责，按照表格要求及时上报有关内容，信息上报联系科室：测报科。

附件：北京市草地贪夜蛾防控工作信息表

北京市植物保护站
2019年7月10日

附件

北京市草地贪夜蛾防控工作信息表

日期	县区名称	虫情监测信息					发生防治信息			技术培训信息				其他
		灯诱监测点数量	虫量（头）	性诱监测点数量	虫量（头）	普查地块数量	虫量（头）	发生县（乡）数（个）	发生面积（亩）	防治面积（亩）	培训人次（人）	培训对象	培训形式	彩页发放（页）	方案制定、印发材料、发放监测防控物资、资金申请等情况

北京市植物保护站

关于紧急开展草地贪夜蛾普查的通知

各区植保（植检）站、房山区植物疫病预防控制中心：

草地贪夜蛾是我国玉米上的新发害虫，2019年1月，草地贪夜蛾从东南亚首次迁飞入侵我国云南，之后快速扩散。截至8月18日，草地贪夜蛾在我国24个省份的1366个县（市、区）发生，全国发生面积1431万亩，防治面积2065万亩，总体仿效达到90%。近日，河北省新发草地贪夜蛾危害，北部边界已到达河北省保定市唐县，距北京直线距离约107公里。截至8月19日，河北省共有11个县区查见草地贪夜蛾，辛集、栾城只发现成虫，威县同时发现成虫和幼虫，魏县、临漳县、任县、巨鹿县、磁县、肥乡县、永年、唐县等县只发现幼虫，危害作物都是玉米，生育期为大小喇叭口期，危害部位是心叶，幼虫发生面积1308亩，防治面积3390亩。田间平均百株虫量0.01头，最高百株虫量3头（巨鹿），虫龄3~6龄；平均被害株率0.001，最高被害株率3%（巨鹿）。

草地贪夜蛾发生态势严峻，为及时掌握本市虫情，我站要求各区立即对草地贪夜蛾发生情况进行全面普查，普查所有玉米、谷子、高粱等草地贪夜蛾喜食作物田，重点监测心叶、叶片正反面、雄穗、雌穗等喜食部位；各区加大性诱监测频率，1~2天查看一次性诱监测结果，注意灯下诱集成虫情况，查到疑似虫情及为害状，立即上报有关数据。

北京市植物保护站

2019年8月20日

北京市植物保护站文件

京农植字〔2019〕36号

关于草地贪夜蛾等重大迁飞性害虫防控措施的通知

各区植保（植检）站、房山区植物疫病预防控制中心：

根据市农业农村局《北京市草地贪夜蛾、草地螟等重大迁飞性害虫防控工作方案》和北京市草地贪夜蛾等重大迁飞性害虫防控工作部署视频会精神，北京市植物保护站制定了本市草地贪夜蛾、草地螟等重大迁飞性害虫防控工作措施，要求如下：

一、工作目标

针对目前草地贪夜蛾等迁飞性害虫的严峻发生形势，及时组织人力、财力、物力，加强虫情监测，落实构建三道防线，做到"三力争、两确保"。"三力争"即：力争阻截于市域外、力争农业生产不成灾、力争严防进入城中区。"两确保"即：确保本市不发生大面积为害成灾、确保不造成重大社会影响。

二、防控工作任务

（一）构建三道防线

　　根据草地贪夜蛾、草地螟等重大迁飞性害虫的发展态势和危害特点，市农业农村局组织了两次论证会，专家组认为，受季风影响，草地贪夜蛾侵入北京的可能性非常大，同时，还要重点关注草地螟、黏虫、蝗虫的迁入。建议北京南部重点阻截草地贪夜蛾的侵入，防止在晚播玉米田发生为害；北部重点阻截草地螟、黏虫和蝗虫迁入，防止草地螟和黏虫从东北地区和华北北部偏重发生区迁入北京，发生集中降落事件，对重大活动造成影响。根据专家论证意见和建议，北京市计划构建防控缓冲区、重点阻截区、核心防控区等三道防线，努力做到提早防、联合防、全域防、综合防、长期防。

　　防控缓冲区：沿七环，在河北省固安、涿州、天津武清和北京延庆等迁飞昆虫的重要通道，南部沿固安、涿州、天津武清一线共235公里，按约10公里1台，共设置25台高空测报灯，形成1条高空测报灯监测阻截带；按每公里1套，共设置500套性诱捕器，形成2条插缝互补式性诱监测带（两条监测带间距1公里），主要阻截草地贪夜蛾和黏虫。在河北省怀来和北京延庆、平谷、密云、怀柔一线共190公里，按每2公里1台高空测报灯和每50亩设1台杀虫灯的标准，共设置95台高空测报灯和1000台太阳能杀虫灯，形成1条高空测报灯阻截监测带和1条杀虫灯带，监测诱杀草地螟、蝗虫、黏虫和小地老虎，并做好相关记录。

　　重点阻截区：沿六环，在顺义、通州、大兴、房山、昌平、门头沟等重点阻截区内设置500台太阳能杀虫灯，建立第二道阻截杀虫带。同时在重点阻截区内，补充设立40台虫情测报灯，虫情测报灯总数达110套。重点阻截区内按每50亩设置1套性诱捕器的标准，设立10000套性诱捕器。重点阻截区内监测诱杀草地贪夜蛾、草地螟、黏虫、蝗虫等，并做好相关记录。

　　核心防控区：在近郊及城区的草地、农田和果园等高风险区域，按每50亩设置1套性诱捕器和1台杀虫灯的标准，设置2500

套性诱捕器和 200 台太阳能杀虫灯，重点监测并诱杀已迁入的草地贪夜蛾、草地螟、蝗虫等成虫，并做好相关记录。

（二）构建京津冀蒙辽等省市联防联控体系

本市迁飞性害虫的发生轻重取决于周边虫源地的发生情况，因此，应对跨区域迁飞性害虫，必须构建多省市联防联控机制。联防联控要突出京、津、冀、蒙、辽等省市的区域化合作优势，在各自属地管理的基础上，安排部署 9 个监测点，安装高空测报灯 45 台，对草地贪夜蛾、草地螟、黏虫、蝗虫等开展监测，定期进行技术交流沟通，及时发布虫情预报。各区发挥比邻优势，并促进省市级联防联控机制，扩大比邻区防治区域，协同一致，共同提高草地贪夜蛾、草地螟、黏虫、蝗虫等迁飞性害虫的防治效果。

（三）做好应急防控准备

针对玉米生长后期，防控难度大等特殊情况，每区组建培育遴选 1~2 支专业防控队伍，全市共 20 支，并组织队伍开展培训、操练、器械维护，资金由各区筹措。同时，妥善存储市植保站分发给各区的应急防控药剂，注意使用安全。

（四）做好虫情监测与普查

由于草地贪夜蛾成虫趋光性不强，性诱监测设备也不能准确反应田间密度，各区要加大草地贪夜蛾等重大迁飞性害虫虫情监测与普查。按照技术方案要求，定期对性诱捕器和测报灯诱到的昆虫进行统计，确保成虫早发现、早预警。针对幼虫隐蔽性较高的特点，要加大田间调查力度，扩大调查范围，增加调查频次、密度。田间普查对象主要是幼虫，重点调查幼嫩玉米田等草地贪夜蛾幼虫易发生为害的区域，尽快核实确定有无虫情发生。

（五）做好信息报送

各区指定专人每日报送防控工作信息，对于虫情实行零报告制度。任何单位和个人一旦发现疑似草地贪夜蛾或出现草地螟等重大迁飞性害虫的大量迁入时，应当及时向当地农业农村主管部门或辖区植保机构报告，区级植保机构接到报告后，应当及时上报市植物保护站核实鉴定，确定为虫情后，逐级上报，并做好记录备查。

三、工作要求及具体的实施方案

（一）市区各司其职，履行各自职责

本次防控工作市级部门负责总体方案的制定，各区按照属地责任进行落实。本次防控所需的高空探照灯、虫情测报灯、太阳能杀虫灯、应急防控药剂等物资考虑到时间紧、任务重，为加快三道防线的部署，本次采购由市植保站统一采购，通过资产调拨的形式分发给各区，各区做好资产接收、登记、管理和使用工作。

（二）资金保障

按照防控工作方案要求，本次防控经费由市、区共同承担，按照属地管理，分区负责的原则，市级负责农药储备，防控设备购置，防控技术指导，京外联合监测防控等；区级负责设备运行、维护、技术培训、监测防控等。各区根据京政农〔2019〕105号文件，参照保障措施中的第四条"强化物资保障"的要求，由区级财政予以保障，并严格按照技术方案要求，做好数据记录，以备查验。

（三）防线布控要求

目前，北京市植物保护站正在进行防控物资的采购工作，各区要根据三道防线的总体布防要求和分配方案细则，科学选址，确保设备真正发挥作用，防止出现乱丢乱弃现象，造成不良的社会影响。防控缓冲区涉及怀柔、平谷、延庆、密云4个区，高空测报灯75台、太阳能杀虫灯1000台；重点阻截区涉及顺义、通州、昌平、门头沟、大兴、房山6个区，太阳能杀虫灯500台，虫情测报灯40台，性诱捕器10000套；核心防范区：涉及朝阳、海淀、丰台3个区，太阳能杀虫灯200台，性诱捕器2500套（表1）。

表 1　草地贪夜蛾、草地螟等重大迁飞性害虫防控物资分配表

	区县	高空测报灯（台）	太阳能杀虫灯（台）	虫情测报灯（台）	性诱捕器（套）	药剂储备			
						苏云金杆菌（kg）	氯虫苯甲酰胺（kg）	甲维·虱螨脲（kg）	高效氯氟氰菊酯（kg）
防控缓冲区	怀柔	10	105			140	70	70	70
	平谷	10	275			160	80	80	80
	延庆	40	410			480	240	240	240
	密云	15	210			360	180	180	180
	固安	9			180	0			
	涿州	3			70	0			
	武清	13			250	0			
	怀来	20				0			
重点阻截区	顺义		100	7	3302	280	140	140	140
	通州		100	7	1461	120	60	60	60
	昌平		100	7	401	30	15	15	15
	门头沟		100	7	222	22	11	11	11
	大兴		50	6	1984	170	85	85	85
	房山		50	6	2630	220	110	110	110
核心防控区	朝阳		80		238	2	1	1	1
	海淀		80		1786	12	6	6	6
	丰台		40		476	4	2	2	2
合计		120	1700	40	13000	2000	1000	1000	1000

　　高空测报灯、虫情测报灯、太阳能杀虫灯由中标厂家负责安装，请各区根据上述分配方案，确定具体安装位置后填写表 2，上报到市植保站测报科，市站汇总后统一发送给中标厂家，中标厂家联系各区有关负责人进行安装。设备安装完成后，各区根据本区的防控方案，指派专人负责设备的运行、数据记录等工作，并及时上报有关数据，为害虫发生趋势研判提供依据。针对其他迁飞性害虫，京津冀蒙辽迁飞性害虫联合监测组继续跟进，持续监测，认真会商，及时提供防控建议要求。

表2 **区草地贪夜蛾、草地螟等迁飞性害虫监测点布控位置

序号	乡（镇）名称	村庄名称	经纬度	诱测设备种类	联系人	联系方式

（四）时间进度安排

应急防控物资采购、安装力争 9 月 15 日前完成部署并开展虫情监测。专业统防统治队伍各区要尽快落实，力争月底前摸清家底，确定队伍名单，9 月 5 日前上报至北京市植物保护站测报科。

北京市植物保护站
2019 年 8 月 23 日

北京市植物保护站办公室　　　　　　　2019 年 8 月 23 日印发

北京市植物保护站

关于组织我市技术人员到河北交流考察草地贪夜蛾监测防控技术的通知

各区植保（植检）站、房山区植物疫病预防控制中心：

根据全国及周边省份草地贪夜蛾的发生形势，为提升我市测报技术人员对草地贪夜蛾的监测防控能力，北京市植物保护站计划组织全市各区测报技术人员到河北草地贪夜蛾发生地开展技术交流，具体计划如下：

一、考察时间：8月29—30日。

二、考察内容：草地贪夜蛾各虫态特征识别与监测、田间为害特征鉴别等。

三、考察地点：河北草地贪夜蛾发生地。

四、参加人员：各区主管领导和测报技术人员，人数每区1~2名。

五、注意事项：食宿自理，具体考察地点和集合时间请及时留意微信工作群通知，未尽事宜请联系北京市植物保护站测报科。

北京市植物保护站

2019年8月26日

北京市植物保护站

北京市草地贪夜蛾虫情通报

各区植保（植检）站、房山区植物疫病预防控制中心：

8月29日上午，经市植保站和全国农技推广中心测报处确认，北京市昌平区马池口镇辛店村监测点发现草地贪夜蛾成虫，累计诱蛾3头。

近期多大风天气，有利于草地贪夜蛾迁入我市。为及时掌握本市虫情，要求各区按照《北京市草地贪夜蛾、草地螟等重大迁飞性害虫防控工作方案》要求，立即加大草地贪夜蛾监测工作力度，做好已设草地贪夜蛾性诱监测点的系统监测工作，在玉米、谷子、高粱等草地贪夜蛾喜食作物田做好全面普查，查到疑似虫情及为害状立即上报。

北京市植物保护站

2019 年 8 月 29 日

北京市植物保护站文件

京农植字〔2019〕38 号

北京市植物保护站关于进一步做好草地贪夜蛾虫情监测及防控的通知

各区植保（植检）站、房山区植物疫病预防控制中心：

8月29日，本市昌平区马池口镇性诱监测点首次诱到草地贪夜蛾成虫3头，截至8月30日，昌平区2个乡镇累计诱蛾7头，其他区尚未查到草地贪夜蛾。虫情发生后，市农业农村局第一时间将虫情报给市政府，卢彦副市长批示："请志军、志杰同志即按预案、三道防线采取措施，打早、打小、打了。"李志军书记批示："速请荣才同志抓好市领导批示落实。相关处室及各单位要沉到一线掌握情况，市区联动形成合力。"

为落实市、局领导批示和要求，及时掌握本市草地贪夜蛾虫情，市植物保护站要求各区植保部门按照《北京市草地贪夜蛾、草地螟等重大迁飞性害虫防控工作方案》要求，做好以下几方面工作：

（一）加快推动三道防线的部署工作

根据8月23日市农业农村局召开的北京市草地贪夜蛾等重大迁飞性害虫防控工作部署视频会议精神、8月30日市农业农村局召开的草地贪夜蛾应急演练活动的部署以及市植物保护站印发的《关于草地贪夜蛾等重大迁飞性害虫防控措施的通知》要求，各区要立即行动起来，加快推进高空测报灯、虫情测报灯、太阳能杀虫灯和性诱捕器的安装选址工作。市植物保护站在抓紧落实物资采购的同时，计划于下周召开三道防线布控工作会。招标程序完成后，力争提早完成设备安装，尽快让设备运行并发挥作用。

（二）筹备召开京、津、冀、蒙、辽5省市联合监测工作协调会

目前，北京昌平区和河北唐山市玉田县均已确定发生草地贪夜蛾，且虫情扩展有加速的趋势。为做好跨区域联合监测预警工作，提高防控效果，北京市草地贪夜蛾等重大迁飞性害虫区域联防联控协调小组计划于下周召开5省市重大迁飞性害虫联合监测协调工作会，部署联合监测预警工作，全力做好虫情监测及防控。

（三）加大监测工作力度和广度

昌平区已发现草地贪夜蛾成虫，其余各区要加大普查力度，全面排查本区域内的虫情。成虫迁入后，很快会在本地产卵，草地贪夜蛾幼虫可为害幼嫩玉米、雌穗、雄穗等多个部位，同时由于其食性复杂，还可以为害其他作物。各区在做好现有监测点系统监测的基础上，也要对玉米、谷子、高粱等草地贪夜蛾喜食作物田做好全面普查，及时掌握虫情信息。

（四）做好信息上报工作

各区要指派专人做好信息报送工作，查到疑似虫情及为害状，立即与市植物保护站测报科联系确认虫情，必要时要请专家给予确认。信息报送务必及时、准确、有据可查。

北京市植物保护站

2019 年 8 月 31 日

北京市植物保护站办公室　　　　　　　2019 年 8 月 31 日印发

北京市植物保护站

关于召开北京市草地贪夜蛾现场观摩培训及防控工作部署会的通知

各区植保（植检）站、房山区植物疫病预防控制中心：

为做好本市草地贪夜蛾等重大迁飞性害虫监测、防控工作，落实《北京市草地贪夜蛾、草地螟等重大迁飞性害虫防控工作方案》，部署工作任务，北京市植物保护站定于 2019 年 9 月 4 日组织召开北京市草地贪夜蛾现场观摩培训及防控工作部署会，现将有关事宜通知如下：

一、会议时间

2019 年 9 月 4 日（周三），上午 9:00 正式开会，会期一天，集合地点为北京市种子管理站基地。

二、会议地点

会议地点：北京阳坊大都文化发展有限公司，A 座三层 2 号会议室（昌平区阳坊镇阳坊大都饭店 69768838）。

现场观摩地点：北京市种子管理站基地（昌平区马池口镇辛店村 ）。

三、参加人员

北京市植物保护站相关领导、测报科、粮经科、药械科业务人员，全市 13 个区植保（植检）站站长或主管站长及业务骨干。

四、培训内容

（一）现场监测技术培训

（二）经验介绍和工作部署

　　1. 昌平区草地贪夜蛾监测防控经验介绍

　　2. 落实全市应急防控物资布设分配任务

　　3. 设备安装要求及注意事项

五、其他事项

请各区植保部门于 9 月 3 日中午前将会议回执发至测报科邮箱：nongyk@sina.com。

北京市植物保护站

2019 年 9 月 2 日

北 京 市 植 物 保 护 站

关于召开草地贪夜蛾、草地螟等重大迁飞性害虫5省市区域联防联控工作协调会的函

天津、河北、内蒙古(省、市、自治区)植保(植检)站，辽宁省绿色农业技术中心：

为全力抓好草地贪夜蛾、草地螟等重大迁飞性害虫防控工作，构建京、津、冀、蒙、辽等5省市迁飞性害虫联防联控体系，开展区域联防联控工作，保障重大活动的顺利举办，北京市农业农村局定于9月上旬在北京市召开5省市草地贪夜蛾、草地螟等重大迁飞性害虫区域联防联控协调工作会，现将有关事宜通知如下：

一、会议时间

9月4日报到，9月5日开会，会期1天。

二、会议地点

北京市圆山大酒店，地址：北京市西城区裕民路2号，010-62010033。

三、会议内容

1. 通报《北京市草地贪夜蛾、草地螟等重大迁飞性害虫防控工作方案》。

2. 落实"三道防线"构建工作的具体任务，推进第一道防线中京外区域的构建工作和迁飞性害虫联合监测点建设工作。

3. 5省市交流虫情和防控经验。

4. 研讨部署下一步联防联控工作。

四、参会人员

农业农村部种植业司领导，天津、河北、内蒙古（省、市、自治区）植保（植检）站、辽宁省绿色农业技术中心站长（主任）和负责人，河北省固安县、涿州市、怀来县、天津武清区等县市（区）及所属地市植保部门负责人。

五、注意事项

1. 报到地点：北京市圆山大酒店；

2. 本次会议费用自理；

3. 请参会人员于9月3日下班前将会议回执发送至邮箱：nongyk@sina.com。

北京市植物保护站

2019 年 9 月 2 日

北京市植物保护站文件

京农植字〔2019〕40号

关于北京市草地贪夜蛾、草地螟等重大迁飞性害虫应急防控项目防控物资调整的通知

各区植保（植检）站、房山区植物疫病预防控制中心：

8月29日，本市昌平区马池口镇辛店村性诱监测点首次诱到草地贪夜蛾成虫，截至9月5日，累计诱蛾8头，其他区尚未查到草地贪夜蛾。根据本市虫情，为全面监测草地贪夜蛾发生情况，做好防控工作，与各区沟通协调后经研究决定，对《北京市植物保护站关于草地贪夜蛾等重大迁飞性害虫防控措施的通知》中本市性诱捕器、虫情测报灯的布放任务进行部分调整，调整内容如下：

性诱捕器调整：

怀柔增加50套性诱捕器，平谷增加300套性诱捕器，延庆增加40套性诱捕器，密云增加1400套性诱捕器，昌平增加282套性诱捕器；顺义调减302套性诱捕器，大兴调减554套性诱捕器，海淀调减1216套性诱捕器；通州、房山、朝阳、丰台、门头沟无调整。

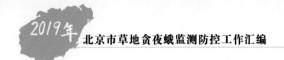

虫情测报灯调整：

门头沟调减 2 台虫情测报灯，密云增加 2 台虫情测报灯。

请各区按照调整后的防控物资分配任务抓好落实。

　　附件：草地贪夜蛾、草地螟等重大迁飞性害虫防控物资分配表。

北京市植物保护站

2019 年 9 月 5 日

北京市植物保护站办公室　　　　　　2019 年 9 月 5 日印发

附件

表 1　草地贪夜蛾、草地螟等重大迁飞性害虫防控物资分配表

	区县	高空测报灯（台）	太阳能杀虫灯（台）	虫情测报灯（台）	性诱捕器（套）	药剂储备			
						苏云金杆菌（kg）	氯虫苯甲酰胺（kg）	甲维·虱螨脲（kg）	高效氯氟氰菊酯（kg）
防控缓冲区	怀柔	10	105		50	140	70	70	70
	平谷	10	275		300	160	80	80	80
	延庆	40	410		40	480	240	240	240
	密云	15	210	2	1400	360	180	180	180
	固安	9			180	0			
	涿州	3			70	0			
	武清	13			250	0			
	怀来	20				0			
重点阻截区	顺义		100	7	3000	280	140	140	140
	通州		100	7	1461	120	60	60	60
	昌平		100	7	683	30	15	15	15
	门头沟		100	5	222	22	11	11	11
	大兴		50	6	1430	170	85	85	85
	房山		50	6	2630	220	110	110	110
核心防控区	朝阳		80		238	2	1	1	1
	海淀		80		570	12	6	6	6
	丰台		40		476	4	2	2	2
合计		120	1700	40	13000	2000	1000	1000	1000

北京市植物保护站

关于抓紧落实草地贪夜蛾、草地螟等重大迁飞性害虫防控措施的通知

各区植保（植检）站、房山区植物疫病预防控制中心：

近期防控设备陆续到位，各区要抓紧做好布控，做到早发现、早预警、早处置，确保不对重大活动造成影响，要求各区加紧落实以下几项措施：

一、抓紧安装部署各类监测防控设备或物资

截至 9 月 18 日，三道防线建设工作已经安装高空测报灯 21 台、虫情测报灯 25 台、太阳能杀虫灯 1000 台、性诱捕器 5772 套，其中高空灯和性诱捕器布设进度较慢，各区要抓紧落实，指派专人全力配合中标企业完成安装工作，抓紧时间安装部署性诱捕器，9 月 20 日前完成三道防线部署任务。

二、充分调动各级技术力量，加大监测力度

昌平区 8 月 29 日首次发现虫情后，其他区陆续发现虫情。截至 9 月 18 日，昌平、延庆、朝阳、丰台、海淀 5 个区确认发现草地贪夜蛾，诱捕成虫 53 头，田间尚未发现草地贪夜蛾卵、幼虫及为害症状。数据分析表明，近期发现草地贪夜蛾的监测点快速增加，累计诱蛾量增长较快。各区要充分调动各级技术力量，加大监测巡查力度和频次。

三、按要求及时上报虫情信息

　　各区要指定专人负责，按要求及时做好虫情零报告制度，由于该虫出现新的迁入高峰，各区工作日及休息日需于每天 16:00 前上报虫情信息，确保早发现、早预警、早处置。

北京市植物保护站

2019 年 9 月 19 日